Imagine Infinite!

창의영재수학

아이앤아이

영재들의 수학여행

Math Travel

입문 초등 1~3학년

A 수와 연산

중국편

창의영재수학

아이앤아이

영재들의 수학여행

Math Travel

01 수학 여행 테마로 수학 사고력 활동을 자연스럽게 이어갈 수 있도록 하였습니다.

02 키즈 – 입문 – 초급 – 중급 – 고급으로 이어지는 단계별 창의 영재 수학 학습 시리즈입니다.

03 각 챕터마다 기초 – 심화 – 응용의 문제 배치로 쉬운 것부터 차근차근 문제해결력을 향상시킵니다.

04 각종 수학 사고력, 창의력 문제, 지능검사 문제, 대회 기출 문제 등을 체계적으로 정밀하게 다듬어 정리하였습니다.

05 과학, 음악, 미술, 영화, 스포츠 등에 관련된 융합형(STEAM) 수학 문제를 흥미롭게 다루었습니다.

06 보충학습/과제는 워크북(G)을 활용하세요.

교재 구성

키즈 (6세 7세 초1)	A (수)	B (연산)	C (도형)	D (측정)	E (규칙)	F (문제해결력)	G (워크북)
	수와 숫자 수 비교하기 수 규칙 수 퍼즐	가르기와 모으기 덧셈과 뺄셈 식 만들기 연산 퍼즐	평면도형 입체도형 위치와 방향 도형 퍼즐	길이와 무게 비교 넓이와 들이 비교 시계와 시간 부분과 전체	패턴 이중 패턴 관계 규칙 여러 가지 규칙	모든 경우 구하기 분류하기 표와 그래프 추론하기	수 연산 도형 측정 규칙 문제해결력

입문 (초1~3)	A (수와 연산)	B (도형)	C (측정)	D (규칙)	E (자료와 가능성)	F (문제해결력)	G (워크북)
	수와 숫자 조건에 맞는 수 수의 크기 비교 합과 차 식 만들기 벌레 먹은 셈	평면도형 입체도형 모양 찾기 도형 나누기와 움직이기 쌓기나무	길이 비교 길이 재기 넓이와 들이 비교 무게 비교 시계와 달력	수 규칙 여러 가지 패턴 수 배열표 암호 새로운 연산 기호	경우의 수 리그와 토너먼트 분류하기 그림 그려 해결하기 표와 그래프	문제 만들기 주고 받기 어떤 수 구하기 재치있게 풀기 추론하기 미로와 퍼즐	수와 연산 도형 측정 규칙 자료와 가능성 문제해결력

초급 (초3~5)	A (수와 연산)	B (도형)	C (측정)	D (규칙)	E (자료와 가능성)	F (문제해결력)
	수 만들기 수와 숫자의 개수 연속하는 자연수 가장 크게, 가장 작게 도형이 나타내는 수 마방진	색종이 접어 자르기 도형 붙이기 도형의 개수 쌓기나무 주사위	길이와 무게 재기 시간과 들이 재기 덮기와 넓이 도형의 둘레 원	수 패턴 도형 패턴 수 배열표 새로운 연산 기호 규칙 찾아 해결하기	가짓수 구하기 리그와 토너먼트 금액 만들기 가장 빠른 길 찾기 표와 그래프(평균)	한붓 그리기 논리 추리 성냥개비 다른 방법으로 풀기 간격 문제 배수의 활용

중급 (초4~6)	A (수와 연산)	B (도형)	C (측정)	D (규칙)	E (자료와 가능성)	F (문제해결력)
	복면산 수와 숫자의 개수 연속하는 자연수 수와 식 만들기 크기가 같은 분수 여러 가지 마방진	도형 나누기 도형 붙이기 도형의 개수 기하판 정육면체	수직과 평행 다각형의 각도 접기와 각 붙여 만든 도형 단위 넓이의 활용	규칙성 찾기 도형과 연산의 규칙 규칙 찾아 개수 세기 교점과 영역 개수 수 배열의 규칙	경우의 수 비둘기집 원리 최단 거리 만들 수 있는, 없는 수 평균	논리 추리 님 게임 강 건너기 창의적으로 생각하기 효율적으로 생각하기 나머지 문제

고급 (초6~중등)	A (수와 연산)	B (도형)	C (측정)	D (규칙)	E (자료와 가능성)	F (문제해결력)
	연속하는 자연수 배수 판정법 여러 가지 진법 계산식에 써넣기 조건에 맞는 수 끝수와 숫자의 개수	입체도형의 성질 쌓기나무 도형 나누기 평면도형의 활용 입체도형의 부피, 겉넓이	시계와 각도 평면도형의 활용 도형의 넓이 거리, 속력, 시간 도형의 회전 그래프 이용하기	암호 해독하기 여러 가지 규칙 여러 가지 수열 연산 기호 규칙 도형에서의 규칙	경우의 수 비둘기집 원리 입체도형에서의 경로 영역 구분하기 확률	홀수와 짝수 조건 분석하기 다른 질량 찾기 뉴튼산 작업 능률

책의 구성과 활용

단원들어가기

고대의 수?

고대 이집트 수는 사물의 모양을 이용해 나타낸 것입니다.

1 10 100 1,000 10,000 100,000 1,000,000

바빌로니아 수는 점토판에 쐐기를 이용해 나타낸 것입니다.

1 2 3 4 5 6 7 8 9 10

고대 로마 수는 손과 손가락을 이용해 나타낸 것입니다. 마야 수는 점과 선을 이용해 나타낸 것이고 고대에 유일하게 조개껍데기 모양인 숫자 0이 있었습니다.

I II III IIII V X

0 1 2 3 4 5 6 7 8 9 10

1. 수와 숫자

우리 베이징에 도착했어
여긴 왕푸징이래
큰 쇼핑가네~
저기 꼬치판다~
수학 공부하려면 배를 든든히 채워야지~!
배고픈데 꼬치 사 먹자~
한 꼬치에 몇 위안이에요?
한 꼬치에 이거야~
도대체 얼마라는 거지??
우리 꼬치 먹을 수 있는 거지??

중국 첫째 날 DAY 1

친구들의 수학여행(Math Travel)과 함께 단원이 시작됩니다. 여행지에서 수학문제를 발견하고 창의적으로 해결해 나갑니다.

아이앤아이 수학여행 친구들

전 세계 곳곳의 수학 관련 문제들을 풀며 함께 세계여행을 떠날 친구들을 소개할게요!

무우

팀의 맏리더. 행동파 리더.

에너지 넘치는 자신감과 무한 긍정으로 팀원에게 격려와 응원을 아끼지 않는 팀의 맏형, 솔선수범하는 믿음직한 해결사예요.

상상

팀의 챙김이 언니, 아이디어 뱅크.

감수성이 풍부하고 공감력이 뛰어나 동생들의 고민을 경청하고 챙겨주는 맏언니예요.

알알

진지하고 생각많은 똘똘이 알알이.

겁 많고 부끄럼 많고 소심하지만 관찰력이 뛰어나고 생각 깊은 아이에요. 야무진 성격을 보여주는 알밤머리와 주근깨 가득한 통통한 볼이 특징이에요.

제이

궁금한게 많은 막내 엉뚱이 제이.

엉뚱한 질문이나 행동으로 상대방에게 웃음을 주어요. 주위의 것을 놓치고 싶지 않은 장난기가 가득한 매력덩어리입니다.

단원살펴보기

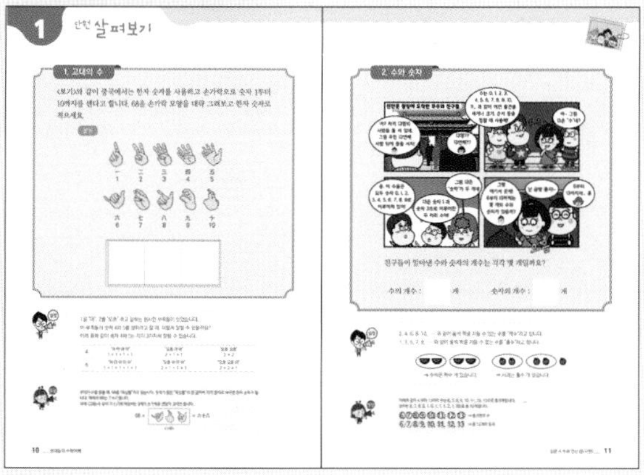

단원의 주제되는 내용을 정리하고 '궁금해요' 문제를 풀어봅니다.

대표문제

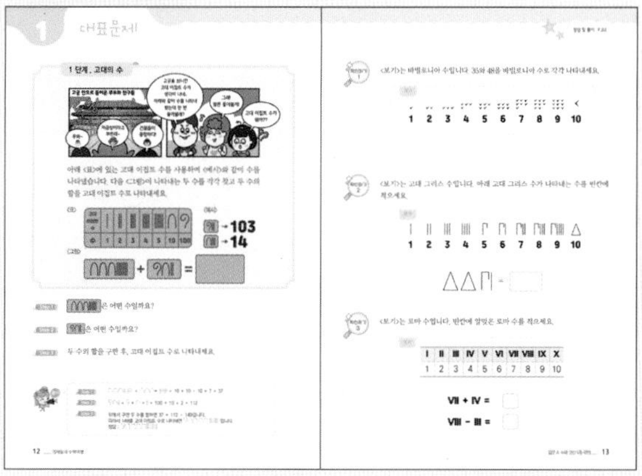

대표되는 문제를 단계적으로 해결하고 '확인하기' 문제를 풀어봅니다.

연습문제

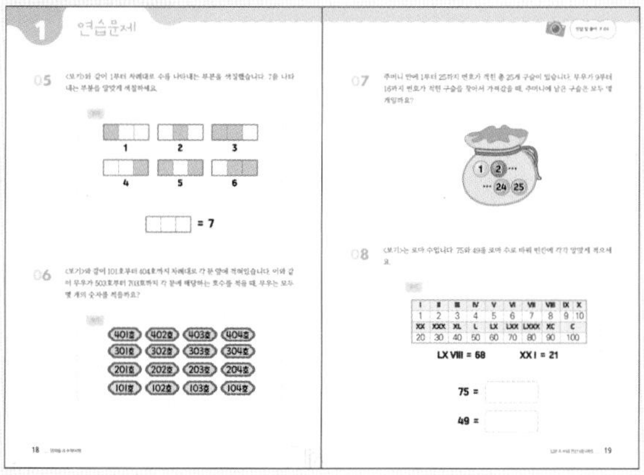

단원살펴보기 및 대표문제에서 익힌 내용을 알차게 구성된 사고력 문제를 통해 점검하며 주제에 대한 탄탄한 기본기를 다집니다.

심화문제

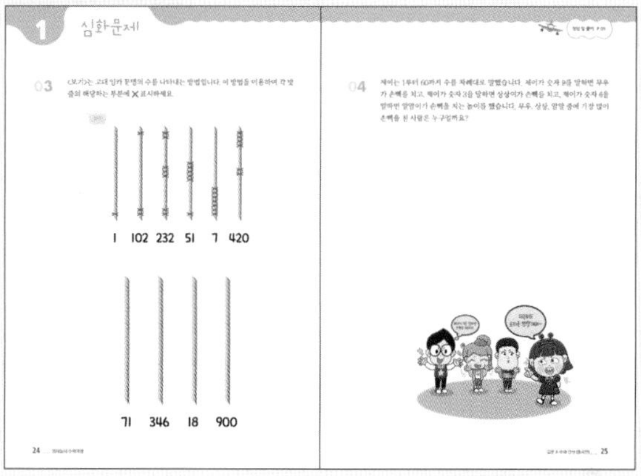

단원에 관련된 문제의 이해와 응용력을 바탕으로 창의적 문제 해결력을 기릅니다.

창의적문제해결수학

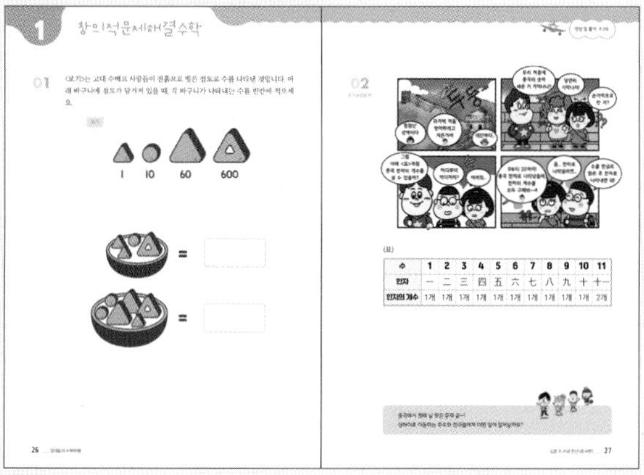

창의력 응용문제, 융합문제를 풀며 해당 단원 문제에 자신감을 가집니다.

정답 및 풀이

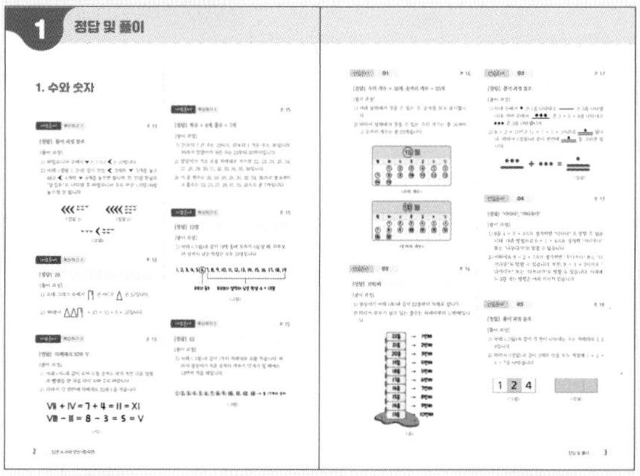

상세한 풀이과정과 함께 수학적 사고력을 완성합니다.

차례
CONTENTS

고대의 수?

고대 이집트 수는 사물의 모양을 이용해 나타낸 것입니다.

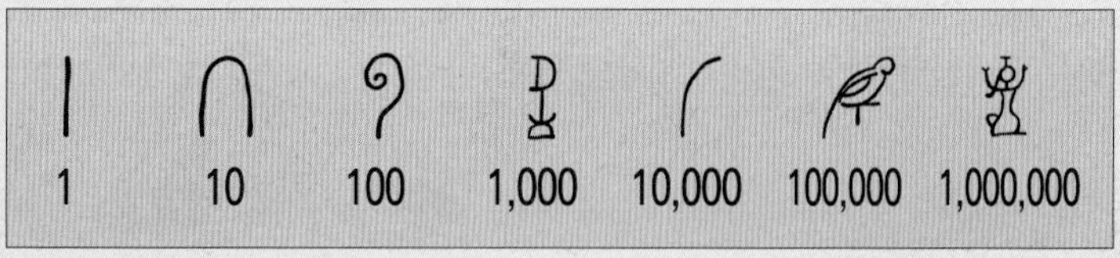

▲ 고대 이집트 수

▲ 고대 이집트 수가 새겨진 벽화

바빌로니아 수는 점토판에 쐐기를 이용해 나타낸 것입니다.

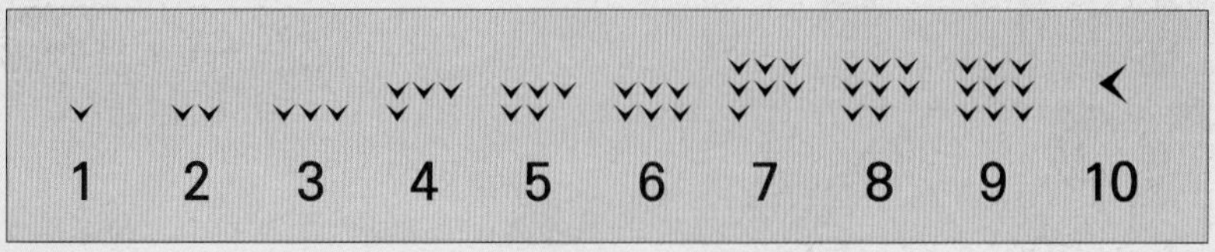

▲ 바빌로니아 수

▲ 바빌로니아 수가 새겨진 점토판

고대 로마 수는 손과 손가락을 이용해 나타낸 것입니다. 마야 수는 점과 선을 이용해 나타낸 것이고 고대에 유일하게 조개껍데기 모양인 숫자 0이 있었습니다.

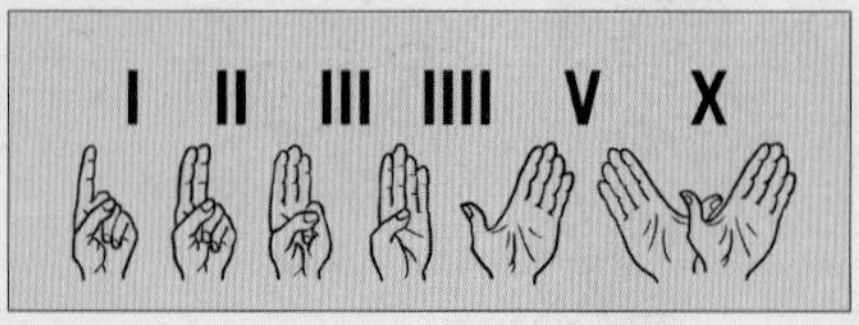

▲ 고대 로마 수

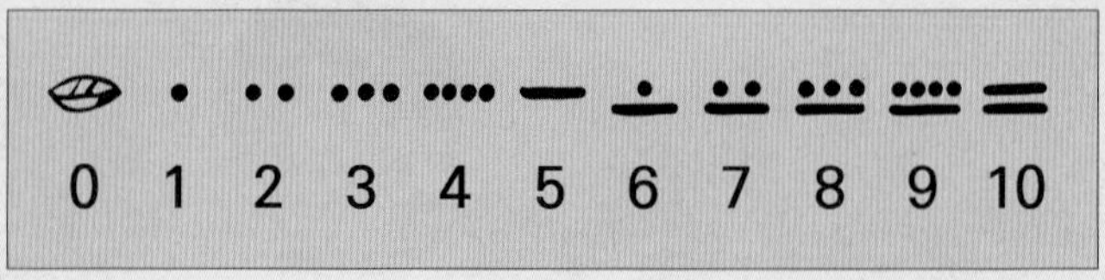

▲ 마야 수

1. 수와 숫자

웅성
웅성
우리 베이징에 도착했어!
여긴 왕푸징이래!
큰 쇼핑가네~
저기 꼬치판다~
수학 공부하려면 배를 든든히 채워야지~!
배고픈데 꼬치 사 먹자~
한 꼬치에 몇 위안이에요?
한 꼬치에 이거야~
응?
도대체 얼마라는 거지??
우리 꼬치 먹을 수 있는 거지??

베이징★
중국
China

중국 첫째 날 DAY 1

무우와 친구들은 중국에 도착한 첫째 날, 베이징 〈왕푸징〉거리에 도착했어요. 베이징에 있는 〈천안문〉, 〈자금성〉, 〈만리장성〉을 여행할 예정이에요. 자, 그럼 먼저 〈왕푸징〉거리에서 만난 수학 문제를 친구들과 함께 풀어볼까요?

1 단원 살펴보기

1. 고대의 수

중국에서는 한자 숫자를 사용하고 손가락으로 숫자 1부터 10까지를 센다고 합니다. 68을 손가락 모양을 대략 그려보고 한자 숫자로 적으세요.

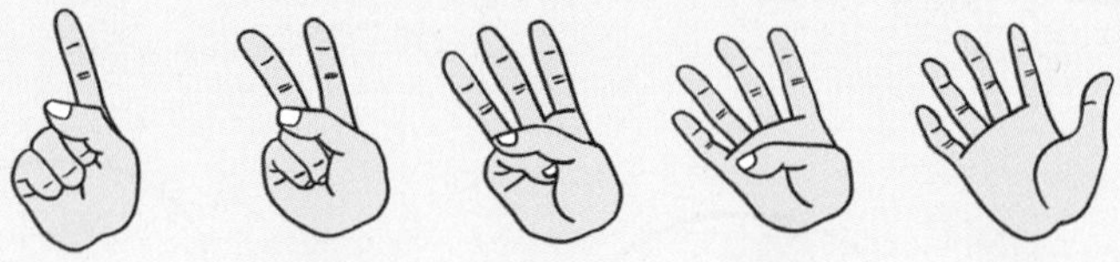

一 二 三 四 五

1 2 3 4 5

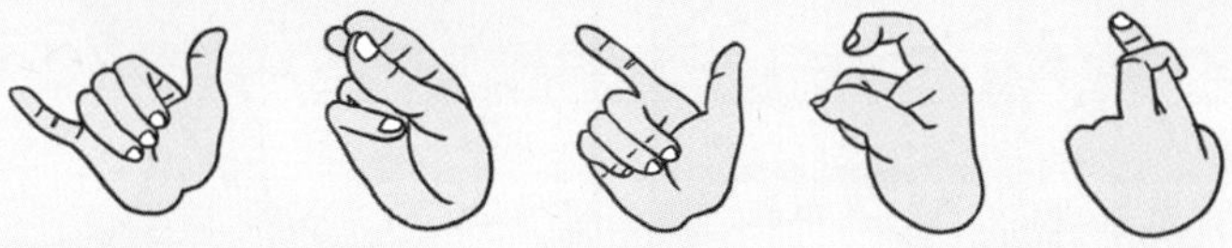

六 七 八 九 十

6 7 8 9 10

1을 "아", 2를 "오호" 라고 말하는 원시인 부족들이 있었습니다.
이 부족들이 숫자 4와 5를 말하려고 할 때, 어떻게 말할 수 있을까요?
표와 같이 숫자 4와 5는 각각 3가지씩 말할 수 있습니다.

4	"아 아 아 아" 1 + 1 + 1 + 1	"오호 아 아" 2 + 1 + 1	"오호 오호" 2 + 2
5	"아 아 아 아 아" 1 + 1 + 1 + 1 + 1	"오호 아 아 아" 2 + 1 + 1 + 1	"오호 오호 아" 2 + 2 + 1

우리가 수를 읽을 때, 68를 "육십팔"라고 읽습니다. 우리가 읽은 "육십팔"의 한 글자씩 각각 한자로 바꾸면 한자 숫자가 됩니다. 따라서 68는 六十八입니다.
〈정답〉과 같이 六十八에 해당하는 3개의 손가락을 연달아 그리면 됩니다.

68 = 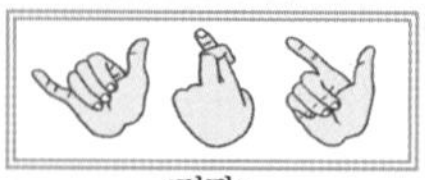 = 六十八

〈정답〉

2. 수와 숫자

천안문 광장에 도착한 무우와 친구들
어? 저기 13명의 사람들 줄 서 있네. 그럼 우린 13번째 사람 뒤에 줄을 서자!
웅성 웅성
13명?? 13번째??
수는 0, 1, 2, 3, 4, 5, 6, 7, 8, 9, 10, 11… 과 같이 어떤 물건을 세거나 크기, 순서 등을 정할 때 사용해!
오웅.
아~ 그럼 13은 "수"네?
응, 이 수들은 모두 숫자 0, 1, 2, 3, 4, 5, 6, 7, 8, 9로 이루어져 있어!
그럼 13은 "숫자"가 두 개네
13은 숫자 1 과 숫자 3으로 이루어진 두 자리 수야!
그럼 여기서 문제! 6부터 13까지는 몇 개의 수와 숫자가 있을까?
난 금방 풀지!~
6부터 13까지라… 흠
으음

친구들이 알아낸 수와 숫자의 개수는 각각 몇 개일까요?

수의 개수 : 개 숫자의 개수 : 개

설명

2, 4, 6, 8, 10, ··· 과 같이 둘씩 짝을 지을 수 있는 수를 "짝수"라고 합니다.
1, 3, 5, 7, 9, ··· 와 같이 둘씩 짝을 지을 수 없는 수를 "홀수"라고 합니다.

⇒ 수박은 짝수 개 있습니다. ⇒ 사과는 홀수 개 있습니다.

정답

6부터 13까지 수는 6, 7, 8, 9, 10, 11, 12, 13으로 총 8개입니다.
숫자는 6, 7, 8, 9, 1, 0, 1, 1, 1, 2, 1, 3으로 총 12개입니다.

6, 7, 8, 9, 10, 11, 12, 13 ⇒ 총 8개의 수
6, 7, 8, 9, 10, 11, 12, 13 ⇒ 총 12개의 숫자

1 대표문제

1 단계 . 고대의 수

고궁 안으로 들어온 무우와 친구들
두둥
우와~
자금성이라고 부른대~
건물들이 웅장하다!
고궁을 보니깐 고대 이집트 수가 생각이 나네... 아래와 같이 수를 나타내 봤는데 한 번 풀어볼래?
그래! 얼른 풀어볼게!
고대 이집트 수가 뭐야??

고대 이집트 수를 사용하여 〈예시〉와 같이 수를 나타냈습니다. 그림이 나타내는 두 수를 각각 찾고 두 수의 합을 고대 이집트 수로 나타내세요.

고대 이집트 수	|	||	|||	||||	|||||	∩	𓍢
수	1	2	3	4	5	10	100

〈예시〉

𓍢||| → 103

∩|||| → 14

∩∩∩||||||| + 𓍢∩|| = ☐

Step 1 ∩∩∩||||||| 은 어떤 수일까요?

Step 2 𓍢∩|| 은 어떤 수일까요?

Step 3 두 수의 합을 구한 후, 고대 이집트 수로 나타내세요.

풀이

Step 1 ∩∩∩||||||| = ∩∩∩+||||||| = 10 + 10 + 10 + 7 = 37

Step 2 𓍢∩|| = 𓍢 + ∩ + || = 100 + 10 + 2 = 112
위에서 구한 두 수를 합하면 37 + 112 = 149입니다.

Step 3 따라서 149를 고대 이집트 수로 나타내면 𓍢∩∩∩∩||||||||| 입니다.
정답 : 𓍢∩∩∩∩|||||||||

확인하기 1

〈보기〉는 바빌로니아 수입니다. 35와 48을 바빌로니아 수로 각각 나타내세요.

보기

확인하기 2

〈보기〉는 고대 그리스 수입니다. 아래 고대 그리스 수가 나타내는 수를 빈칸에 적으세요.

보기

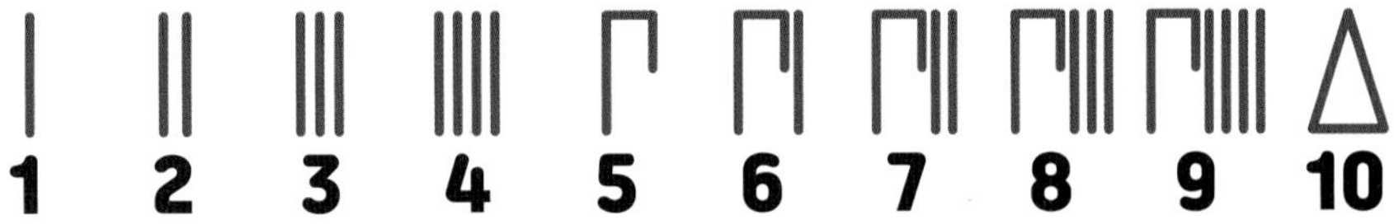

 = □

확인하기 3

〈보기〉는 로마 수입니다. 빈칸에 알맞은 로마 수를 적으세요.

보기

I	II	III	IV	V	VI	VII	VIII	IX	X
1	2	3	4	5	6	7	8	9	10

VII + IV = □

VIII − III = □

2 단계 . 수와 숫자의 개수

징 산 공원에 도착한 우우와 친구들
짜아아
저기서 자금성이 한눈에 보인대~
얼른 올라가 보자~
계단이 꽤 많이 있네...
계단이 모두 몇 개야...
헉
헉
헉
한 칸 있으면 홀수 개이고 두 칸 있으면 짝수 개네?
맞아! 총 계단이 10칸 있으면 짝수 개야.
터벅
터벅
그럼 1부터 17까지 중 상상이는 짝수, 알알이는 홀수를 적어봐!
음, 우리 중에 누가 숫자를 더 많이 적을까?

1부터 17까지 중에 상상이는 짝수를 적고 알알이는 홀수를 적었습니다. 둘 중에 누가 숫자를 더 많이 적었을까요?

Step 1 상상이가 적은 숫자의 개수는 모두 몇 개일까요?

Step 2 알알이가 적은 숫자의 개수는 모두 몇 개일까요?

Step 3 상상이와 알알이 중에 누가 더 많은 숫자를 적었을까요?

풀이

Step 1 1부터 17까지 중에 짝수는 2, 4, 6, 8, 10, 12, 14, 16입니다.

② ④ ⑥ ⑧ ⑩, ⑫, ⑭, ⑯ ⇒ **총 12개의 숫자**

위와 같이 적은 숫자의 개수는 총 12개입니다.

Step 2 1부터 17까지 중에 홀수는 1, 3, 5, 7, 9, 11, 13, 15, 17입니다.

① ③ ⑤ ⑦ ⑨ ⑪ ⑬, ⑮, ⑰ ⇒ **총 13개의 숫자**

위와 같이 적은 숫자의 개수는 총 13개입니다.

Step 3 상상이는 12개의 숫자를 적었고 알알이는 13개의 숫자를 적었으므로 알알이가 더 많은 숫자를 적었습니다.

정답 : 알알이

확인하기 1

알알이는 21보다 1 큰 수부터 37보다 1 작은 수까지를 차례대로 수를 적었습니다. 알알이가 적은 수 중에서 홀수와 짝수는 각각 몇 개씩 있을까요?

확인하기 2

무우네 반 학생들은 총 19명입니다. 무우의 수학 성적 등수가 6등일 때, 무우보다 수학 성적이 낮은 학생들은 모두 몇 명일까요?

확인하기 3

상상이는 공책에 1부터 차례대로 수를 적었습니다. 이때, 상상이가 적은 숫자의 개수가 모두 17개라고 합니다. 과연 상상이는 어떤 수까지 적었을까요?

1 연습문제

01 10월 달력의 일부 중에서 찾을 수 있는 수와 숫자의 개수를 각각 구하세요.

10월

월	화	수	목	금	토	일
	1	2	3	4	5	6
7	8	9	10	11	12	13
14	15					

02 무우의 집은 22층인 아파트에서 13층 입니다. 상상이가 맨 위에서부터 한 층씩 세었을 때, 무우의 집은 위에서부터 몇 번째일까요?

정답 및 풀이 P.03

03 <보기>와 같이 0부터 9까지 마야 수가 적혀있습니다. 빈칸에 알맞은 마야 수를 적으세요.

보기

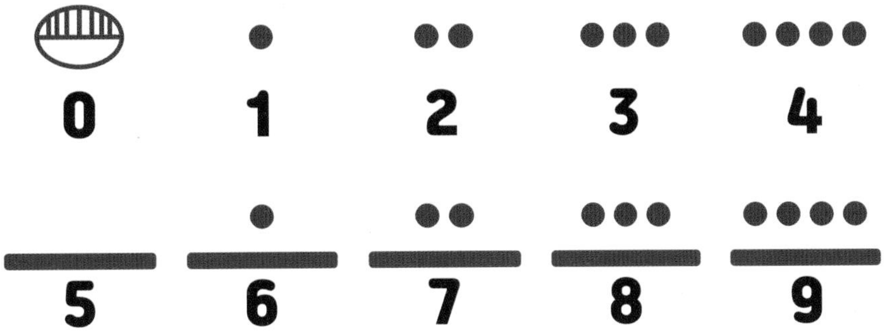

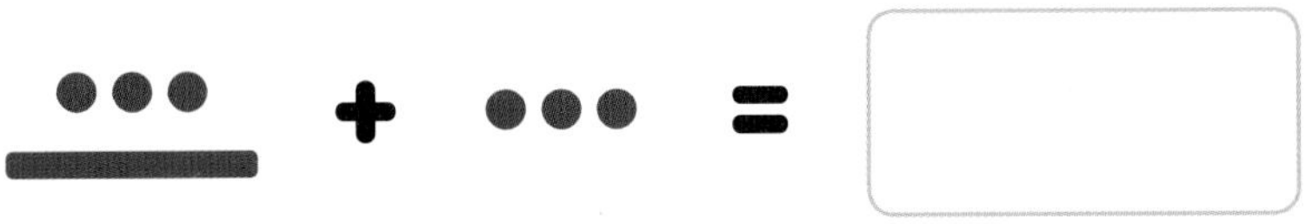

04 옛날 어느 원시 부족이 수를 세는 방법입니다. 이 원시 부족이 9를 세는 2가지 이상의 방법을 적으세요.

1	2	3	4
가	우	다	다가
5	6	7	8
다우	다다	다가다	다우다

05 <보기>와 같이 1부터 차례대로 수를 나타내는 부분을 색칠했습니다. 7을 나타내는 부분을 알맞게 색칠하세요.

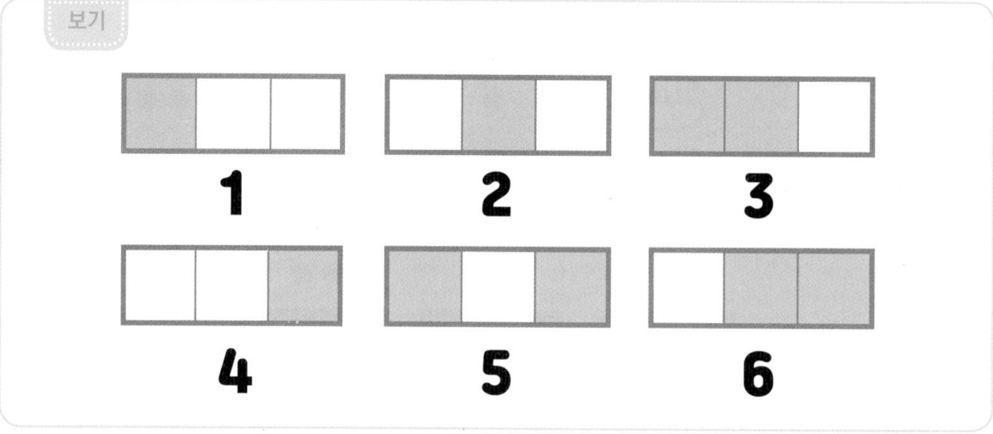

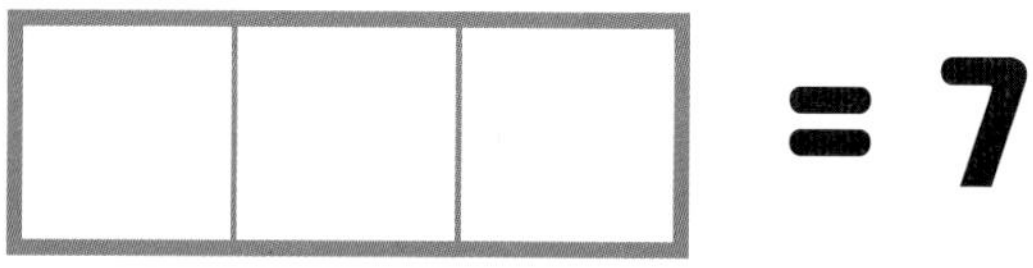

06 101호부터 404호까지 차례대로 각 문 앞에 적혀있습니다. 이와 같이 무우가 503호부터 703호까지 각 문에 해당하는 호수를 적을 때, 무우는 모두 몇 개의 숫자를 적을까요?

07 주머니 안에 1부터 25까지 번호가 적힌 총 25개 구슬이 있습니다. 무우가 9부터 16까지 번호가 적힌 구슬을 찾아서 가져갔을 때, 주머니에 남은 구슬은 모두 몇 개일까요?

08 <보기>는 로마 수입니다. 75와 49를 로마 수로 바꿔 빈칸에 각각 알맞게 적으세요.

보기

I	II	III	IV	V	VI	VII	VIII	IX	X
1	2	3	4	5	6	7	8	9	10
XX	XXX	XL	L	LX	LXX	LXXX	XC	C	
20	30	40	50	60	70	80	90	100	

LX VIII = 68 **XX I = 21**

75 = ☐

49 = ☐

09 무우가 전화기의 번호판으로 88부터 107까지 수를 차례대로 누를 때, 숫자 0을 모두 몇 번 누를까요?

10 <보기>와 같이 10, 12, 14를 마야 수로 나타냈습니다. 주어진 수를 마야 수로 바꿔 빈칸에 각각 알맞게 적으세요.

보기

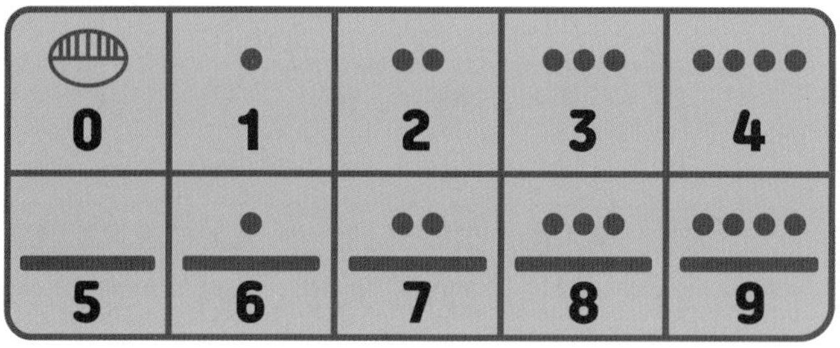

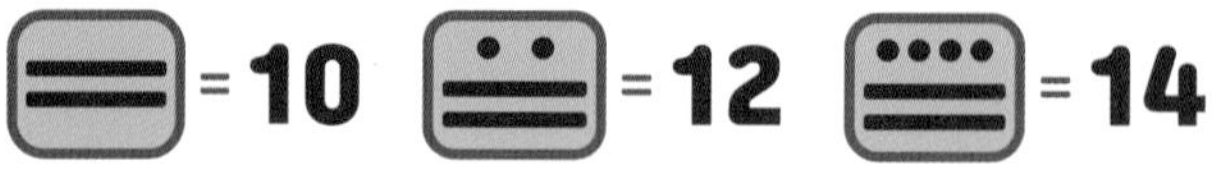

15 =

19 =

정답 및 풀이 P.04

11 〈보기〉와 같이 주판의 구슬을 움직여 수를 나타냈습니다. 주판에 놓인 수를 빈칸에 각각 알맞게 적으세요.

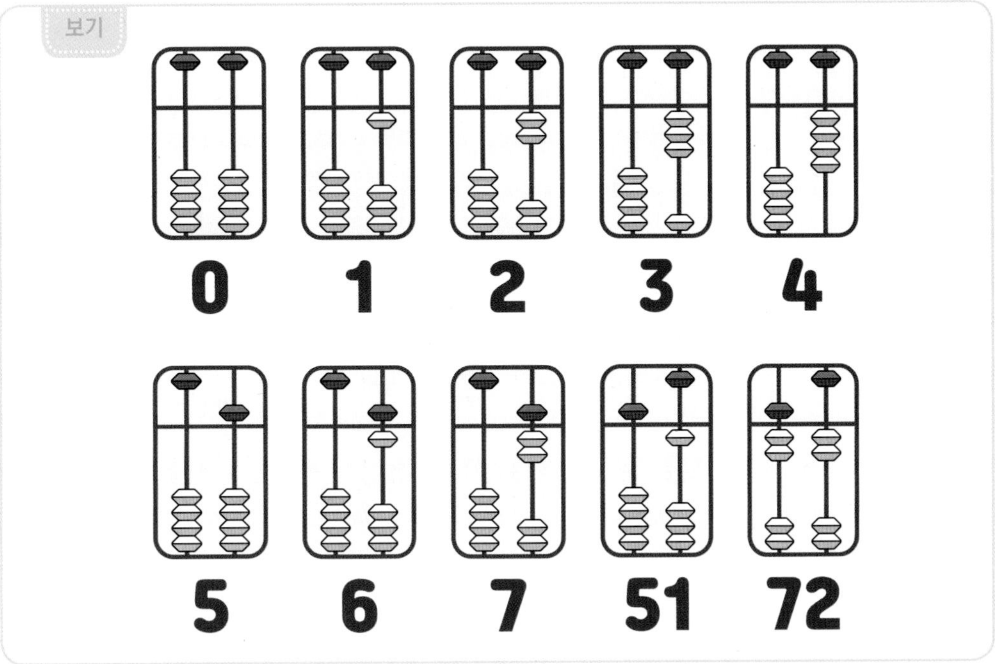

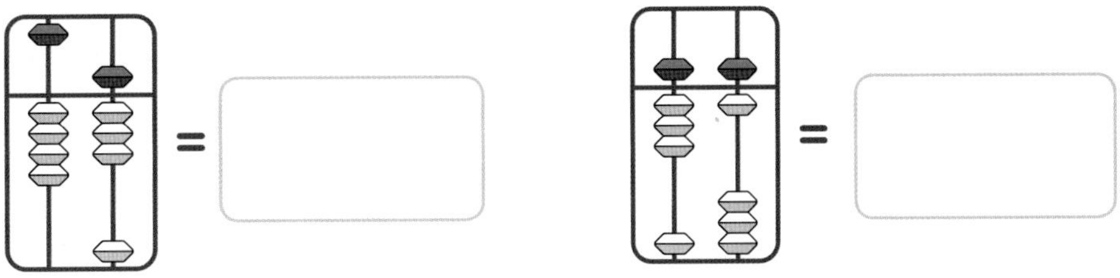

12 알알이는 5부터 차례대로 수를 적었습니다. 옆에 있던 상상이는 알알이가 적은 숫자의 개수를 모두 세었습니다. 상상이가 센 숫자의 개수가 29개일 때, 알알이는 어떤 수까지 적었을까요?

1 심화문제

01 <보기>와 같이 고대 중국 수를 나타냈습니다. 주어진 수를 고대 중국 수로 바꿔 빈칸에 각각 알맞게 적으세요.

보기

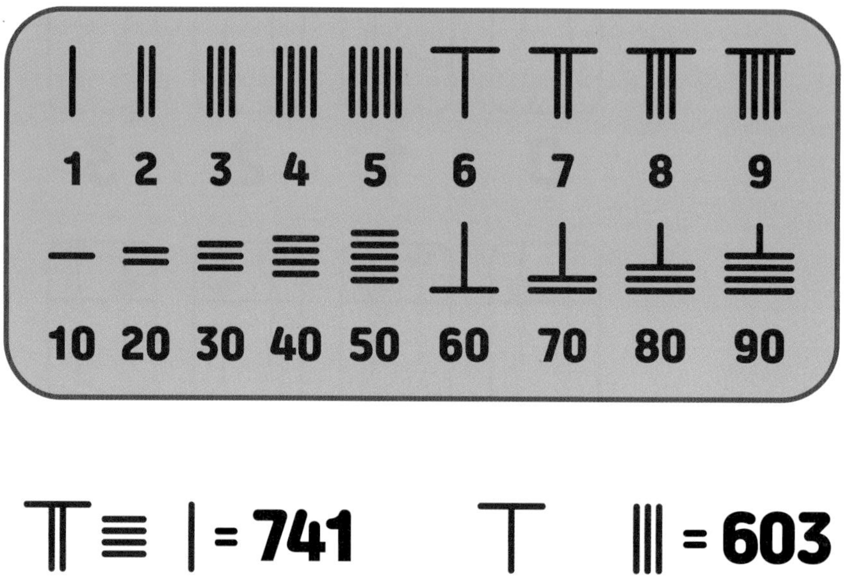

493 =

250 =

02 0부터 9까지 적힌 숫자 카드가 여러 장씩 있습니다. 무우가 숫자 카드로 31보다 크고 58보다 작은 수 중에서 짝수만 만들려고 합니다. 과연 무우는 몇 장의 숫자 카드가 필요할까요?

1 심화문제

03 〈보기〉는 고대 잉카 문명의 수를 나타내는 방법입니다. 이 방법을 이용하여 각 밧줄의 해당하는 부분에 ✕ 표시하세요.

보기

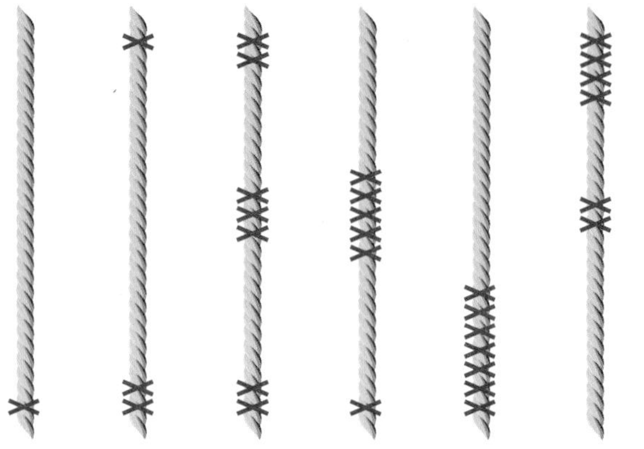

1 102 232 51 7 420

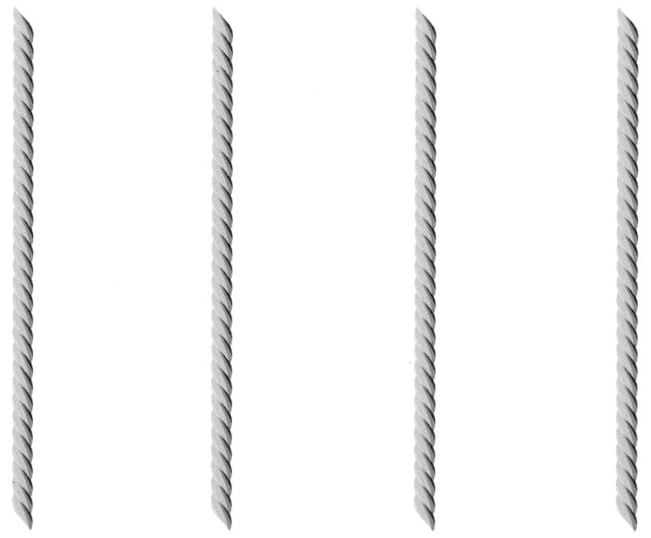

71 346 18 900

04 제이는 1부터 60까지 수를 차례대로 말했습니다. 제이가 숫자 9를 말하면 무우가 손뼉을 치고, 제이가 숫자 3을 말하면 상상이가 손뼉을 치고, 제이가 숫자 6을 말하면 알알이가 손뼉을 치는 놀이를 했습니다. 무우, 상상, 알알 중에 가장 많이 손뼉을 친 사람은 누구일까요?

제이가 9를 말하면
손뼉을 쳐야지!
지금부터
숫자를 말할거야~

01 〈보기〉는 고대 수메르 사람들이 진흙으로 빚은 점토로 수를 나타낸 것입니다. 바구니에 점토가 담겨져 있을 때, 각 바구니가 나타내는 수를 빈칸에 적으세요.

보기

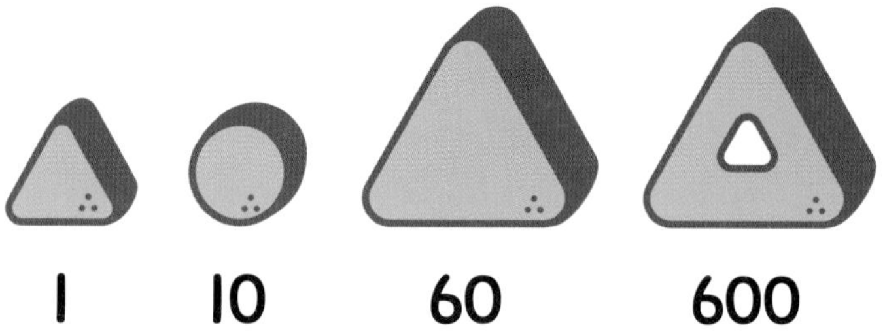

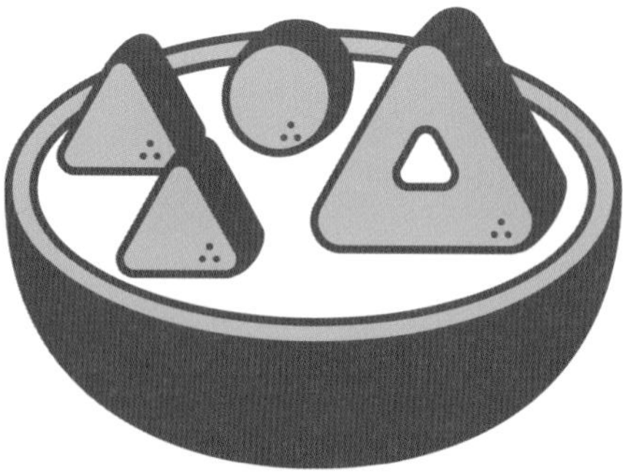

= (　　　　)

= (　　　　)

02
창의융합문제

두둥
엄청난 성벽이다
과거에 적을 방어하려고 지은거야
대단하다...
우리 처음에 중국의 숫자 배운 거 기억나니?
당연히 기억나지!
끄덕
끄덕
손가락으로 한 거?
그럼 아래 <표>처럼 중국 한자의 개수를 셀 수 있을까?
어디부터 어디까지?
슥
어려워...
9부터 22까지! 중국 한자로 나타냈을때, 한자의 개수를 모두 구해봐~~!!
음... 한자로 나타내려면...
수를 한글로 읽은 후 한자로 나타내면 돼!
곰곰...

수	1	2	3	4	5	6	7	8	9	10	11
한자	一	二	三	四	五	六	七	八	九	十	十一
한자의 개수	1개	1개	1개	1개	1개	1개	1개	1개	1개	1개	2개

9부터 22까지 수를 중국 한자로 나타냈을 때, 한자의 개수는 모두 몇 개일까요?

중국에서 첫째 날 모든 문제 끝~!
상하이로 이동하는 무우와 친구들에게 어떤 일이 일어날까요?

수의 순우리말?

숫자 100과 1000은 순우리말로 뭐라고 할까요?

100은 한자어로 "백" 이고 순우리말로 "온"입니다.
현재에 "온"은 "온 마음", "온 힘", "온 누리" 등에서 "모든"이란 의미로 사용되고 있습니다.

1,000 은 한자어로 "천"이고 순우리말로 "즈믄"입니다.
새 천 년이 시작된 2000년 1월 1일에 태어난 아이에게 순우리말로 "즈문둥이" 라고 표현했습니다.

이 외에도 10,000(만)을 나타내는 순우리말로 "거문"이 있고
100,000,000(억)을 나타내는 순우리말로 "잘"이 있습니다.

그럼, 1121을 우리말로 읽어 볼까요?

2. 조건에 맞는 수

상하이에 도착한 무우와 친구들
오~!
상하이다!
베이징과 다른 분위기다
오우!
그러네~ 우리 어디 가?
황푸 공원에 도착한 무우와 친구들
우리 아침을 이곳에서 보낼 거야~
둥
둥
둥
무슨 춤추는 거 같아
저기 사람들이 모여있어!
여기서 뭐하고 계세요?
아침 일찍 나와 태극권을 하고 있어요
자~ 여기 번호표를 가져가세요! 조건에 맞는 수라면 당첨품을 드립니다!
난 25인데? 너희들은 뭐야
음?
난 61이야!
난 43이야!
난 37인데, 조건에 맞는 수가 뭐지?

베이징
중국
China
상하이

중국 둘째 날 DAY 2

중국에서 둘째 날, 무우와 친구들은 상하이 〈황푸 공원〉에 도착했어요. 상하이에 있는 〈와이탄〉, 〈상하이 타워〉, 〈상하이 박물관〉을 여행할 예정이에요. 자, 그럼 먼저 〈황푸 공원〉에서 만난 수학 문제를 친구들과 함께 풀어볼까요?

2 단원 살펴보기

1. 조건에 맞는 수 찾기

무우는 25, 상상이는 61, 알알이는 43, 제이는 37 의 번호표를 각각 가지고 있습니다. 아래 조건에 따라 무우와 친구들 중에 당첨된 사람은 누구일까요?

① 당첨된 수는 홀수입니다.
② 30보다 크고 60보다 작은 수입니다.
③ 일의 자리 수와 십의 자리 수를 서로 더하면 7이 됩니다.

당첨된 사람:

〈조건에 맞는 수 찾는 방법〉

① 〈그림〉과 같이 조건에 맞는 자리 수의 칸을 만듭니다.
② 조건에서 알 수 있는 숫자부터 차례로 칸에 숫자를 적습니다.
③ 모든 조건에 맞는 수인지 확인합니다.

세 자리 수 인 경우 :

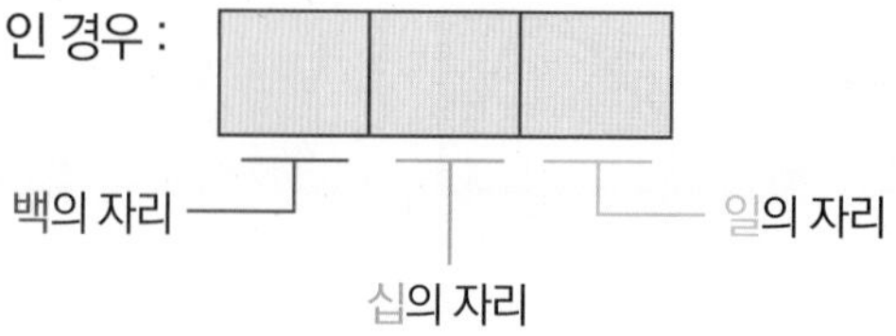

〈그림〉

먼저 〈조건 ③〉에 해당하는 수를 구합니다.
(일의 자리 수) + (십의 자리 수) = 0 + 7 = 1 + 6 = 2 + 5 = 3 + 4가 있습니다.
따라서 〈조건 ③〉에 해당하는 수는 16, 25, 34, 43, 52, 61, 70이 있습니다.
위에서 찾은 수 중에서 〈조건 ②〉에 해당하는 수를 찾으면 34, 43, 52입니다.
34, 43, 52 중에 〈조건 ①〉에 해당하는 수는 43 밖에 없습니다.
〈조건 ①, ②, ③〉에 모두 해당하는 번호는 43입니다. 따라서 당첨된 사람은 알알이입니다.

2. 숫자 카드로 수 만들기

와이탄에 도착한 무우와 친구들
반짝
반짝
황금빛이야
황푸 강을 따라 야경이 멋있어~
내가 0부터 5까지 적힌 숫자 카드를 한 장씩 가지고 있는데, 상상이랑 알알이가 각각 3장씩 가져갈래?
슥
난... 왜 안 줘...
응, 그래~
훅...
제이 넌 아직 어려서... 상상아 알알아, 각자 가진 숫자 카드로 만들 수 있는 두 자리 수가 몇 개일까?
난 0, 2, 3을 가지고 있는데 이걸로 두 자리 수를?
음...
난 1, 4, 5인데, 이 세 장 중 두 장으로?
제이 너는 둘 중 누가 더 많은 두 자리 수를 만들 지 생각해봐!
오!!
알겠어! 둘 중 누가 더 만들까?
0 2 3
1 4 5

상상이와 알알이가 각자 숫자 카드로 두 자리 수를 만들 때,
누가 더 많이 만들까요?

설명

i) 가장 큰 두 자리 수를 만들 때

여러 개의 숫자 카드 중에서 가장 큰 숫자부터 십의 자리에 놓습니다. 그 다음 큰 숫자를 일의 자리에 놓습니다.

ii) 가장 작은 두 자리 수를 만들 때

여러 개의 숫자 카드 중에서 가장 작은 숫자를 십의 자리에 놓습니다. 단, 숫자 카드 0은 십의 자리에 올 수 없습니다. 그 다음 작은 숫자를 일의 자리에 놓습니다.

정답

상상이 카드로는 〈그림 1〉과 같이 십의 자리에 1, 4, 5가 모두 올 수 있습니다.
상상이는 14, 15, 41, 45, 51, 54으로 두 자리 수 6개를 만들 수 있습니다.

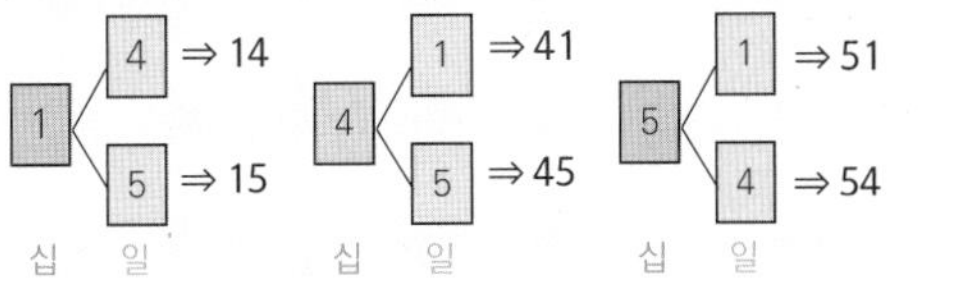

1 4 ⇒ 14
5 ⇒ 15
4 1 ⇒ 41
5 ⇒ 45
5 1 ⇒ 51
4 ⇒ 54
십 일

〈그림 1〉

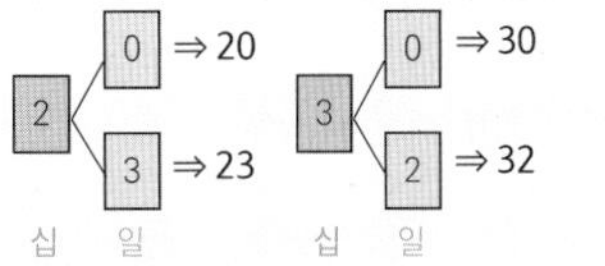

2 0 ⇒ 20
3 ⇒ 23
3 0 ⇒ 30
2 ⇒ 32
십 일

〈그림 2〉

알알이 카드로는 〈그림 2〉와 같이 십의 자리에 0을 제외한 2, 3이 올 수 있습니다.
알알이는 20, 23, 30, 32으로 두 자리 수 4개를 만들 수 있습니다.
따라서 상상이는 알알이보다 2개 더 많은 두 자리 수를 만들 수 있습니다.

1 단계 . 조건에 맞는 수 찾기

호텔 프런트에 있는 무우와 친구들
우리 좀 쉬자!
그래~ 우리 키 받으러 가자~
엄청 돌아다녔어!
여러분이 묵을 숙소는 4층에 있어요. 400호인지 아래 조건에 맞게 찾으면 키를 줄게요.
움찔
네? 조건이요?
금방 풀어보겠어!

① 일의 자리 숫자와 십의 자리 숫자를 더하면 11이 됩니다.

② 크기 순서는 (백의 자리 숫자) < (십의 자리 숫자) < (일의 자리 숫자) 입니다.

Step 1 일의 자리 숫자와 십의 자리 숫자의 합이 11인 두 자리 수를 구하세요.

Step 2 **Step 1** 에서 구한 두 자리 수에 백의 자리 숫자 4를 붙여 세 자리 수를 만드세요.

Step 3 무우와 친구들이 묵을 숙소의 방 번호는 몇 호일까요?

풀이

Step 1 11 = 5 + 6 = 4 + 7 = 3 + 8 = 2 + 9입니다. 두 자리 수는 56, 65, 47, 74, 38, 83, 29, 92입니다.

Step 2 **Step 1** 에서 구한 두 자리 수에 백의 자리에 숫자 4를 놓습니다.
456, 465, 447, 474, 438, 483, 429, 492으로 8개의 세 자리 수를 만들 수 있습니다.

Step 3 **Step 2** 에서 만든 세 자리 수 중에서 〈조건 ②〉에 해당하는 수는 456입니다.
따라서 무우와 친구들이 묵을 숙소는 456호입니다.
정답 : 456호

확인하기 1

〈보기〉의 숫자 카드 중 2장을 골라 두 자리 수를 만들려고 합니다. 두 자리 수 중 40보다 크고 60보다 작은 수의 개수는 모두 몇 개일까요?

보기

2 **4** **5** **7**

확인하기 2

〈보기〉의 조건을 만족하는 수는 모두 몇 개일까요?

보기

Ⅰ. 일의 자리 숫자와 십의 자리 숫자를 더하면 5가 됩니다.

Ⅱ. 두 자리 수는 홀수입니다.

확인하기 3

〈보기〉의 조건을 만족하는 수를 구하세요.

보기

Ⅰ. 일의 자리 숫자와 십의 자리 숫자를 더하면 9가 됩니다.

Ⅱ. 일의 자리 숫자보다 십의 자리 숫자가 더 큽니다.

Ⅲ. 30보다 크고 60보다 작은 수입니다.

2 대표문제

2 단계 . 숫자 카드로 수 만들기

상하이 타워에 도착한 우우와 친구들
세계에서 두 번째로 높은 빌딩이래.
두 둥
전망대가 360도로 다 보인대...
우와
초고속 엘리베이터 타러 가자!
오... 전망대 가고 싶다!
엘리베이터 안에서
내가 숫자 카드 3, 6, 0, 8을 한 장 씩 갖고 있어. 네 번째로 큰 두 자리 수와 작은 두 자리 수를 각각 구해볼래? 먼저 구한 사람이 전망대에서 사진찍을 수 있어!
내가 먼저 풀거야

Step 1 가장 큰 숫자를 십의 자리에 놓아 만들 수 있는 두 자리 수를 큰 수부터 차례대로 적으세요.

☐ - ☐ - ☐ - ☐

Step 2 가장 작은 숫자를 십의 자리에 놓아 만들 수 있는 두 자리 수를 작은 수부터 차례대로 적으세요.

☐ - ☐ - ☐ - ☐

Step 3 **Step 1** 과 **Step 2** 에서 구한 두 자리 수에서 네 번째로 큰 수와 네 번째로 작은 수는 무엇일까요?

풀이

Step 1 숫자 카드 3, 6, 0, 8 중에 가장 큰 숫자는 8입니다. 아래와 같이 두 자리 수의 십의 자리에 8을 놓아 큰 수부터 차례대로 적습니다.

86 - 83 - 80 - 68

Step 2 숫자 카드 3, 6, 0, 8 중에 가장 작은 숫자는 0입니다. 하지만 십의 자리에 0이 올 수 없습니다. 아래와 같이 두 자리 수의 십의 자리에 3을 놓아 작은 수부터 차례대로 적습니다.

30 - 36 - 38 - 60

Step 3 **Step 1** 과 **Step 2** 에서 구한 두 자리 수에서 네 번째로 큰 수는 68이고 네 번째로 작은 수는 60입니다.
정답 : 네 번째로 큰 수 = 68, 네 번째로 작은 수 = 60

정답 및 풀이 P.07

확인하기 1

〈보기〉의 3장의 숫자 카드를 한 번씩 사용하여 만들 수 있는 세 자리 수를 모두 적으세요.

보기

0 3 8

확인하기 2

〈보기〉의 4장의 숫자 카드 중 두 장을 골라 두 자리 수를 만들 때, 다섯 번째로 큰 수는 무엇일까요?

보기

1 5 7 8

확인하기 3

〈보기〉의 4장의 숫자 카드 중 두 장을 골라 두 자리 수를 만들 때, 네 번째로 작은 수는 무엇일까요?

보기

0 4 2 7

2 연습문제

01 <보기>의 숫자 카드 중 2장을 골라 두 자리 수를 만들려고 합니다. 이 수 중에 30보다 크고 55보다 작은 수의 개수는 모두 몇 개일까요?

> 보기
>
> 0 3 5 7

02 무우는 번호가 적힌 구슬을 가지고 있습니다. <보기>의 조건을 모두 만족하는 구슬의 번호를 찾으세요.

31 28 46 25 37 49

91 62 55 76 84

> 보기
>
> Ⅰ. 십의 자리 숫자와 일의 자리 숫자의 합은 10입니다.
>
> Ⅱ. 십의 자리 숫자가 일의 자리 숫자보다 큽니다.

정답 및 풀이 P.07

03 〈보기〉의 4장의 숫자 카드 중 두 장을 골라 두 자리 수를 만들 때, 두 번째로 작은 수와 세 번째로 큰 수를 각각 구하세요.

보기

9 0 6 7

04 〈보기〉의 조건을 만족하는 수를 구하세요.

보기

Ⅰ. 십의 자리 숫자는 일의 자리 숫자보다 2 큽니다.
Ⅱ. 50보다 크고 60보다 작은 홀수입니다.

2 연습문제

05 <보기>와 같이 4장의 숫자 카드 중 두 장을 골라 만들 수 있는 두 자리 수는 모두 몇 개일까요?

보기

06 그림과 같이 수 퍼즐이 있습니다. <보기>의 가로, 세로 조건에 맞게 빈칸 안에 수를 적으세요.

보기

가로 ㉠ : 20보다 큰 수 중에서 가장 작은 두 자리 수입니다.

가로 ㉢ : 일의 자리 숫자가 십의 자리 숫자보다 4 큽니다.

세로 ㉠ : 일의 자리 숫자와 십의 자리 숫자의 합은 10입니다.

세로 ㉡ : 30보다 크고 40보다 작은 홀수입니다.

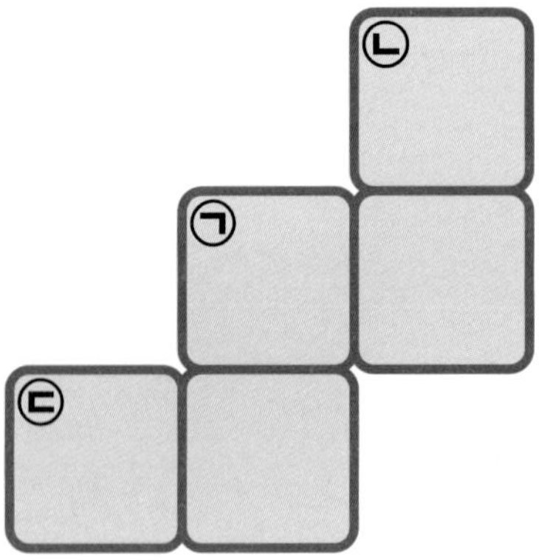

정답 및 풀이 P.08

07

〈보기〉와 같이 무우, 알알, 상상이는 어떤 수에 대해 대화했습니다. 제이가 어떤 수를 찾을 때, 찾을 수 있는 수는 무엇일까요?

보기

무우 : 이 수는 백의 자리 숫자와 일의 자리 숫자를 합하면 3이야.

알알 : 십의 자리 숫자와 백의 자리 숫자를 곱하면 10이야.

상상 : 이 수는 세 자리 수인 홀수야!

08

아래와 같이 1월 달력이 있습니다. "1월 25일"을 세 자리 수인 125로 적습니다. 1월 달력에서 조건을 만족하는 수를 모두 찾아 날짜로 적으세요.

1월

월	화	수	목	금	토	일
			1	2	3	4
5	6	7	8	9	10	11
12	13	14	15	16	17	18
19	20	21	22	23	24	25
26	27	28	29	30	31	

Ⅰ. 각 자리 숫자가 왼쪽에서 오른쪽으로 갈수록 커집니다.

Ⅱ. 세 자리 짝수입니다.

2 연습문제

09 <보기>의 5장의 숫자 카드 중 두 장을 골라 40보다 크고 70보다 작은 짝수는 모두 몇 개일까요?

보기

2 4 5 6 0

10 <보기>와 같이 서로 다른 4장의 숫자 카드가 있습니다. 이 중 한 장의 숫자 카드가 뒤집혀 있습니다. 숫자 카드로 만든 두 자리 수 중에 두 번째로 큰 수는 64이고 세 번째로 큰 수는 60입니다. 가장 큰 두 자리 수를 구하세요.

보기

0 4 6 ?

11 〈보기〉와 같이 가로, 세로, 대각선 방향으로 두 수를 묶고 왼쪽, 위부터 적어 두 자리 수를 나타냈습니다. 같은 방식으로 두 수를 묶어 55보다 큰 수는 모두 몇 개인지 찾으세요.

보기

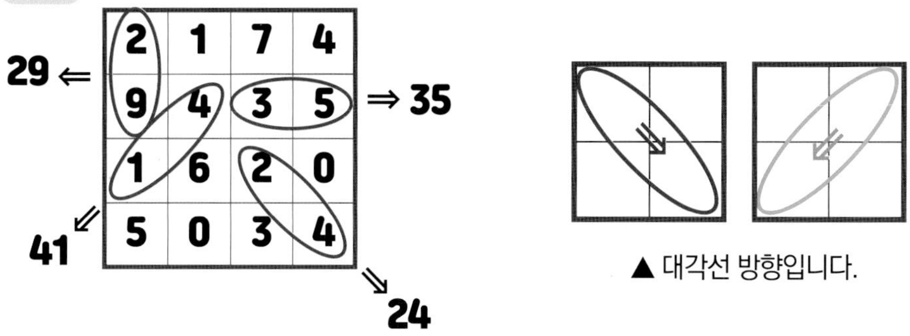

▲ 대각선 방향입니다.

2	1	7	4
9	4	3	5
1	6	2	0
5	0	3	4

12 눈의 수가 1부터 6까지인 주사위 2개가 있습니다. 두 주사위를 굴려 나온 눈의 수로 두 자리 수를 만들 때, 십의 자리 숫자와 일의 자리 숫자의 차가 3이 되는 수는 모두 몇 개일까요?

2 심화문제

01 "12월 1일" 을 네 자리 수인 1201으로 적습니다. 〈예〉를 보고 12월 달력의 수에서 각 자리 숫자의 합이 7이 되는 날짜를 모두 적으세요.

12월

월	화	수	목	금	토	일
	1	2	3	4	5	6
7	8	9	10	11	12	13
14	15	16	17	18	19	20
21	22	23	24	25	26	27
28	29	30	31			

〈예〉 1201에서 각 자리 숫자의 합은 $1 + 2 + 0 + 1 = 4$입니다.

정답 및 풀이 P.10

02 1부터 9까지 숫자 카드 9장 중 4장의 숫자 카드를 뽑았습니다. 이 4장의 숫자 카드로 두 자리 수를 만들 때, 조건을 만족하는 경우는 모두 몇 가지일까요? (단, 〈예〉의 경우는 제외합니다.)

Ⅰ. 31보다 크고 70보다 작은 두 자리 수 입니다.

Ⅱ. 십의 자리 숫자가 일의 자리 숫자보다 더 큽니다.

Ⅲ. 조건 Ⅰ과 Ⅱ를 모두 만족하는 두 자리 수의 개수는 6개입니다.

〈예〉 만약 숫자 카드 2, 3, 4, 5를 가지고 있으면, 조건을 만족하는 6개의 두 자리 수인 54, 53, 52, 43, 42, 32를 만들 수 있습니다. 따라서 숫자 카드 5, 4, 3, 2를 뽑는 것은 조건을 만족하는 한 가지 경우입니다.

03 주머니에 0부터 5까지 적힌 공 6개가 있습니다. 공을 하나 꺼내서 종이에 공의 숫자를 쓴 다음 다시 주머니에 공을 넣습니다. 공을 3번 꺼내서 세 자리 수를 만들 때, 각 자리 숫자의 합이 6인 짝수는 모두 몇 개일까요?

정답 및 풀이 P.10

04 <보기>와 같이 3장의 숫자 카드의 앞면과 뒷면에 순서 없이 각각 숫자가 적혀있습니다. 이 중에서 2장의 숫자 카드로 두 자리 수를 만들 때, 두 번째로 큰 수는 96이고 두 번째로 작은 수는 36입니다. 숫자 카드 0, 3, 7 뒷면에는 각각 어떤 숫자가 적혀있을까요?

보기

앞면 : 0 3 7   뒷면 : 9 6 8

01 알알, 상상, 제이는 무우가 생각한 세 자리 수를 맞추는 놀이를 했습니다. 세 사람이 각각 세 자리 수를 말하면 무우는 〈보기〉의 기호 규칙에 따라 각 자리 수에 알맞은 기호를 말했습니다. 〈예시〉를 보고 무우가 생각한 세 자리 수를 찾으세요.

보기

▲ : 그 자리에 적힌 숫자보다 더 큰 숫자를 적어야 합니다.

⊙ : 그 자리에 적힌 숫자가 맞습니다.

▼ : 그 자리에 적힌 숫자보다 더 작은 숫자를 적어야 합니다.

〈예시〉

알알 : 175 ⇒ ▲⊙▼
상상 : 483 ⇒ ▲▼▲
제이 : 619 ⇒ ▼▲▼

⇒ 무우가 생각한 수는 574입니다.

알알 : 791 ⇒ ▼▼▲
상상 : 554 ⇒ ▲▲▼
제이 : 873 ⇒ ▼▲⊙

⇒ ?

02
창의융합문제

상하이 박물관
두둥~
오늘은 박물관을 구경할 거야!
어떤 물건을 볼까?
이 자물쇠는 여기 적힌 조건에 맞게 숫자를 눌러야 열린대. 그럼 너희들이 여는 방법이 모두 몇 가지인지 찾아볼래?
음, 그래!
오!
조건이 좀 까다롭네... 해 볼게~!
상자 안에 뭐가 들었을까?

0 2 5 7
0 2 5 7
0 2 5 7

→ 첫 번째 줄
→ 두 번째 줄
→ 세 번째 줄

Ⅰ. 각 줄에서 숫자 한 개만 누르고 똑같은 숫자를 눌러도 됩니다.

Ⅱ. 세 번째 줄에는 홀수만 눌러야 합니다.

Ⅲ. 각 줄에 누른 숫자의 합이 12가 됩니다.

중국에서 둘째 날 모든 문제 끝~!
백두산으로 이동하는 무우와 친구들에게 어떤 일이 일어날까요?

부등호?

"부등호" 란?

같지 않음을 나타내는 기호입니다.
오늘날까지 부등호는 두 수의 크기 비교와 순서를 비교할 때 사용합니다.
이 기호는 " 〉, 〈 "으로 "~ 보다 크다", "~ 보다 작다"를 의미합니다.
이 기호를 영국의 수학자 해리엇이 처음으로 사용했습니다.
그로부터 100년 후 프랑스의 과학자 부게르는 "~보다 크거나 같다, ~보다 작거나 같다"를 나타내는 부등호 기호 ' ≥ , ≤ '를 처음으로 사용했습니다.
부등호가 정착되기 전에도 §, ff, | 등의 기호가 사용되었지만 수의 크기의 방향을 정확히 나타내지 못했기 때문에 불편했습니다.

3. 수의 크기 비교

백두산으로 향하는 버스에 올라탄 무우와 친구들
우리 백두산 간다!
중국에 백두산이?
야호
등산이라니...
흠, 내 생각엔 한라산보다 낮을 거 같아!
근데 백두산이 높이가 어느정도야?
백두산은 2750m이고 한라산은 1950m, 지리산은 1915m인데 높은 순서대로 말해봐~
난 모르겠어~
가장 큰 자릿수부터 숫자를 비교하면 돼
으음...
어떻게 풀었는지 설명해봐
백두산이 가장 높네~

중국
China
베이징
백두산
상하이
장시성

중국 셋째 날 DAY 3

중국에서 셋째 날, 무우와 친구들은 백두산으로 가려고 해요. 백두산 〈천지〉와 장시성 〈지안〉을 여행할 예정이에요. 자, 그럼 먼저 백두산을 가기 전에 만난 수학 문제를 친구들과 함께 풀어볼까요?

1. 수의 크기 비교

한라산은 해발 1950m, 백두산은 해발 2750m, 지리산은 해발 1915m 입니다.
가장 높은 산부터 차례대로 적으세요.

가장 높은 산부터: ☐ > ☐ > ☐

〈자릿수가 다를 때〉

91 < 121 (91: 두 자리 수, 121: 세 자리 수)

123 < 1421 (123: 세 자리 수, 1421: 네 자리 수)

위와 같이 자릿수가 다른 경우에는 자릿수가 클수록 더 큰 수입니다.

〈자릿수가 같을 때〉

355와 348을 비교할 때, 〈표〉와 같이 높은 자리인 백의 자리부터 십, 일의 자리 순으로 비교합니다.

백의 자리 숫자가 서로 같습니다. 따라서 십의 자리 숫자를 비교하면 5 > 4이므로 355가 348보다 큽니다.

3	0	0	=	3	0	0
	5	0	>		4	0
		5				8

〈표〉

3개 산의 높이는 모두 네 자리 수로 자릿수가 같습니다. 먼저 〈표〉과 같이 한라산과 백두산의 높이를 비교합니다. 백두산의 천의 자리 숫자가 더 크기 때문에 한라산보다 백두산이 더 높습니다.
그 다음 한라산과 지리산의 높이를 비교합니다. 한라산과 지리산은 천의 자리 숫자와 백의 자리 숫자가 같습니다. 하지만 한라산이 십의 자리 숫자가 더 크기 때문에 지리산보다 한라산이 더 높습니다.
따라서 가장 높은 산부터 차례대로 적으면 백두산, 한라산, 지리산입니다.

1	0	0	0	=	1	0	0	0	<	2	0	0	0
	9	0	0	=		9	0	0			7	0	0
		1	0	<			5	0				5	0
			5					0					0
▲ 지리산					▲ 한라산					▲ 백두산			

〈표〉

2. 빈칸에 알맞은 숫자 찾기

우린 천지로 걸어서 올라갈 거야~
천지까지 너무 멀다...
난 차 타고 가고 싶어...
나도 차 타고 싶어...
번뜩
그럼 천지까지 차 타고 가고 싶은 사람은 이 문제를 풀어봐
풀고야 말겠어~!
쉽게 풀지~!
백두산 천지에서 가장 깊은 곳은 384m래. 그럼 3□5 < 384일 때. 빈칸에 들어갈 수 있는 숫자를 모두 말해봐!
훗!
빈칸에 들어갈 숫자???
네모다... 뭐지?
끄응...
자 얼른 푼 사람은 여기 차에 올라타~
숫자 0부터...
난 모르겠어!
숫자 8은 안 들어가는 거 같아

3□5 < 384일 때, 빈칸에 들어갈 수 있는 숫자를 모두 말하세요.

설명

〈세 자리 수 320을 여러 가지 방법으로 나타내기〉

〈그림 1, 2〉과 같이 여러 방법으로 나타낼 수 있습니다.

〈그림 1〉	〈그림 2〉
100이 3개 ⇒ 300	100이 2개⇒ 200
10이 2개⇒ 20	10이 12개⇒ 120
300 + 20 = 320	200 + 120 = 320

정답

세 자리 수인 3□5와 384는 백의 자리 숫자가 3으로 서로 같습니다. 십의 자리를 서로 비교하면 □는 8보다 작아야 합니다. □에 8이 들어가면 385 이므로 384보다 크기 때문에 □에는 8이 들어갈 수 없습니다.

따라서 □에 들어갈 수 있는 숫자는 0, 1, 2, 3, 4, 5, 6, 7입니다.

1 단계 . 수의 크기 비교

부릉
부릉
천지로 가자!
오~
엄청 큰 지프차다!
천지보다 조금
작은 소천지래!
여기 나무가
엄청 많지?
여기 바닥에
화살표가 있는데?
응?
나무가 호수를
둘러싸고 있네~

〈그림〉과 같이 크기 비교를 하는 부등호와 원이 있습니다. 1부터 6까지 숫자를 한 번씩 써서 원 안에 알맞게 적으세요.

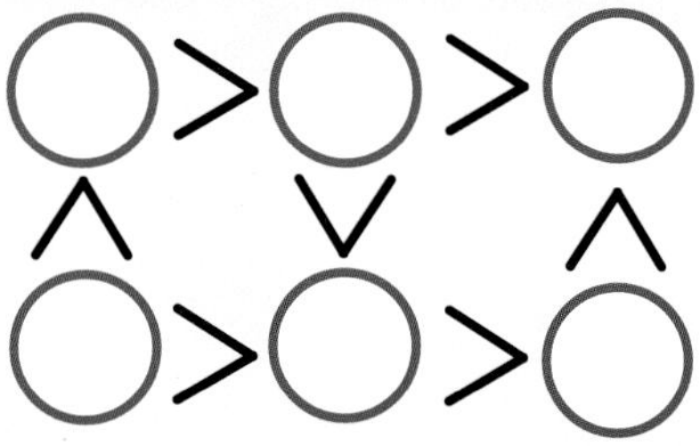

〈그림〉

Step 1 부등호 방향으로 가장 큰 숫자가 들어갈 원과 가장 작은 숫자가 들어갈 원을 찾아 각 원에 숫자를 써넣으세요.

Step 2 숫자 4와 5를 알맞은 원에 써넣으세요.

Step 3 나머지 숫자를 모두 써 넣어 위 〈그림〉을 완성하세요.

풀이

Step 1 먼저 〈그림〉과 같이 부등호 방향을 봤을 때, 빨간색 원에는 가장 큰 숫자인 6이 들어가고 반대로 파란색 원에는 가장 작은 숫자인 1이 들어갑니다.

Step 2 숫자 5는 4보다 크고 6보다 작으므로 초록색 원에 써넣습니다. 숫자 4는 3보다 크고 5보다 작으므로 분홍색 원에 써넣습니다.

Step 3 〈그림〉과 같이 나머지 2와 3을 부등호 방향에 맞게 써넣습니다.

〈그림〉
5 > 4 > 1
∧ ∨ ∧
6 > 3 > 2

정답:
5 > 4 > 1
∧ ∨ ∧
6 > 3 > 2

정답 및 풀이 P.11

확인하기 1

크기 비교를 하는 부등호와 원이 있습니다. 4부터 7까지 숫자를 한 번씩 써서 원 안에 알맞게 적으세요.

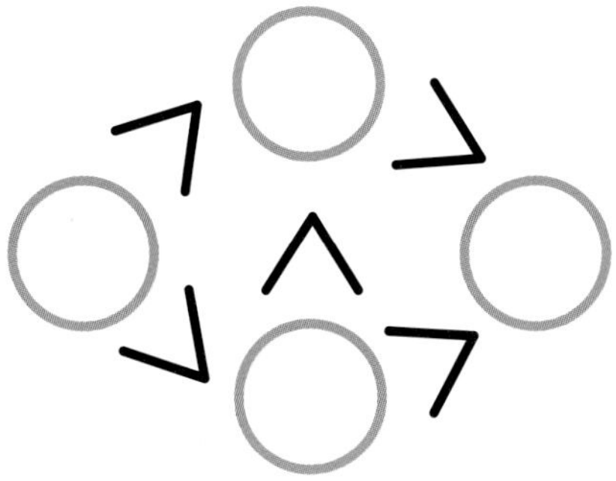

확인하기 2

〈보기〉의 세 자리 수 중 가장 큰 수부터 차례대로 적으세요.

보기

242　　335　　235　　249

확인하기 3

㉠, ㉡, ㉢ 중 가장 큰 수부터 차례대로 기호를 적으세요.

㉠ : 100이 4개, 10이 13개, 1이 6개인 수

㉡ : 백의 자리 숫자가 5인 세 자리 수 중 가장 큰 수

㉢ : 오백이십구보다 1 큰 수

3 대표문제

2 단계 . □ 안에 들어가는 숫자 찾기

천지에 도착해 내린 무우와 친구들
두둥~
배고프네~
천지다~!
도착했다!
멀미 나는 줄...
솨아아~
여기서
온천 달걀과
옥수수가 유명해!
그래!
우리 넷 중에 내가
젤 돈이 많지!
우리 각자 돈으로
사먹을까?

무우, 상상, 알알, 제이는 각각 돈을 가지고 있습니다.
돈이 가장 많은 사람 순서로는 제이, 무우, 알알, 상상입니다.
무우, 상상, 알알이가 가진 돈은 각각 얼마일까요?

무우	상상	알알	제이
9□0원	97□원	9□1원	990원

Step 1 무우와 제이를 비교하여 무우의 빈칸에 들어갈 수 있는 숫자를 모두 구하세요.

Step 2 알알이의 빈칸에 들어갈 수 있는 숫자를 구하세요.

Step 3 무우, 상상, 알알이가 가진 돈은 각각 얼마일까요?

풀이

Step 1 무우와 제이는 990 > 9□0이므로 서로 같은 세 자리 수로 빈칸에는 9 보다 작은 숫자인 0부터 8까지 들어갈 수 있습니다.

Step 2 알알이와 상상이는 9□1 > 97□이므로 알알이의 십의 자리에는 7, 8, 9가 들어갈 수 있습니다. 알알이는 무우보다 작은 수이므로 무우는 980이고 알알이는 971이 되어야 합니다. 따라서 알알이의 빈칸에 들어갈 숫자는 7입니다.

Step 3 마지막에 알알이가 상상이보다 큰 수이므로 971 > 97□이므로 상상이의 빈칸에 0이 들어갑니다.
따라서 무우는 980원, 알알이는 971원, 상상이는 970원의 돈을 각각 가지고 있습니다.

정답 : 무우 = 980원, 알알이 = 971원, 상상이 = 970원

정답 및 풀이 P.12

확인하기 1

□에 들어갈 수 있는 숫자를 모두 구하세요.

$$7\square < 76$$

확인하기 2

□에 들어갈 수 있는 수를 모두 구하세요.

$$8 < \square < 12$$

확인하기 3

3개의 세 자리 수를 비교한 것입니다. ㉠과 ㉡에 들어갈 알맞은 숫자를 각각 적으세요.

㉠21 < 218 < 21㉡

3 연습문제

01 □에 들어갈 수를 〈보기〉에서 모두 찾아 ○ 표시하세요.

보기				
20	**22**	**25**	**28**	**31**

$$23 < \square < 30$$

02 ▲와 □에 들어갈 수 있는 숫자를 각각 모두 구하세요.

$$3\blacktriangle 8 < 324$$

$$762 < 7\square 1$$

정답 및 풀이 P.12

03 ▲은 공통된 수이고 0을 제외한 짝수 중 하나입니다. 가장 큰 수부터 차례대로 기호를 적으세요.

㉠ : ▲69　㉡ : 92▲　㉢ : ▲5

04 <보기>에서 가장 큰 수부터 차례대로 기호를 적으세요.

보기

㉠ : 10이 70개, 1이 16개인 수

㉡ : 721보다 13 큰 수

㉢ : 육백오십팔보다 100 큰 수

㉣ : 100이 6개, 10이 13개인 수

㉤ : 850보다 100 작은 수

05 ㉠과 ㉡에 공통으로 들어갈 수 있는 숫자를 모두 구하세요.

3㉠4 < 372

228 < ㉡78

06 □에 모두 같은 숫자가 들어갈 때, 가장 큰 수부터 차례대로 기호를 적으세요.

㉠ : 30□

㉡ : 29□

㉢ : 3□9

㉣ : 2□0

07 □에 공통으로 들어갈 수 있는 숫자를 모두 구하세요.

56□1 < 5□43

08 무우와 친구들의 발 크기입니다. 네 명의 친구들의 발 크기가 서로 다를 때, 발이 가장 큰 사람은 무우이고 가장 작은 사람은 알알이입니다. 상상이의 발 크기는 제이보다 7mm작을 때, 과연 알알이의 발 크기는 몇 mm일까요?

무우	상상	알알	제이
229mm	22□mm	22□mm	22□mm

09 ㉠과 ㉡에 공통으로 들어갈 수 있는 수는 모두 몇 개일까요?

$$19 - ㉠ > 12$$

$$11 + ㉡ < 20$$

10 ㉠과 ㉡에 들어갈 수 있는 숫자를 두 자리 수 ㉠㉡으로 나타낼 때, 만들 수 있는 두 자리 수는 모두 몇 개일까요?

$$61㉠3 > 6㉡54$$

정답 및 풀이 P.14

11 무우네 가족의 키입니다. 키가 가장 큰 순서는 아빠, 엄마, 형, 무우, 동생입니다. 과연 무우의 키는 최대 몇 cm일까요? (단, □에 서로 다른 숫자가 들어갑니다.)

아빠	엄마	형	무우	동생
164cm	16□cm	1□5cm	?	148cm

12 무우와 친구들이 만든 세 자리 수입니다. 세 자리 수의 큰 순서는 상상, 알알, 무우, 제이입니다. ▲와 □가 서로 다른 숫자를 나타낼 때, ▲와 □에 들어갈 숫자를 각각 구하세요.

무우	상상	알알	제이
▲□▲	46▲	4□6	4▲□

3 심화문제

01 ㉠과 ㉡에 들어갈 수 있는 수를 각각 모두 구하세요.

$$42 < 52 - ㉠ < 47$$

$$32 < 21 + ㉡ < 40$$

정답 및 풀이 P.14

02 무우와 친구들이 각자 집에 있는 책의 권수입니다. 책이 가장 많은 순서로는 무우, 알알, 상상, 제이입니다. 빈칸에 각각 서로 다른 홀수가 들어갈 때, 상상, 알알이, 제이가 가진 책은 각각 몇 권일까요?

무우	상상	알알	제이
537권	5□□권	□3□권	51□권

우리 집에 있는 책은 총 537권이야!
무우네 집 책이 제일 많겠네~
오~
우리 집에는 몇 권이 있었지?

03 숫자 카드 3장에는 각각 서로 다른 숫자가 적혀있습니다. 〈보기〉와 같이 이 3장의 숫자 카드로 세 자리 수를 만들어 서로 비교했습니다. 주어진 숫자 카드 ㉠, ㉡, ㉢으로 가장 큰 세 자리 수를 만들 때, 숫자 카드에 알맞은 기호를 적으세요.

▲ 숫자 카드 3장

보기

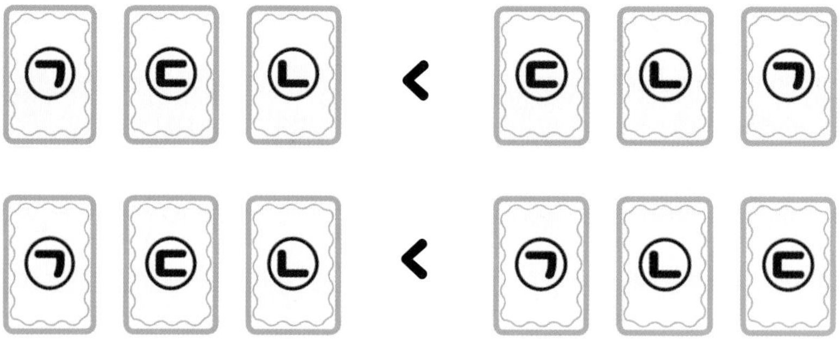

▲ 가장 큰 세 자리 수

04 ㉠, ㉡, ㉢에 들어갈 수 있는 숫자를 세 자리 수 ㉠㉡㉢으로 나타낼 때, 만들 수 있는 세 자리 수는 모두 몇 개일까요? (단, ㉠은 홀수입니다.)

37㉠ < 3㉡6 < 3㉢4

01 미로에서 인접한 수 중에서 가장 큰 수를 찾아 선으로 연결할 때, 마지막에 도착하는 곳은 ㉠부터 ㉩까지 중 어느 곳일까요? (단, 미로에서 한 번 지나간 곳은 갈 수 없습니다.)

출발	22	19	57	133	154	→ ㉠
20	31	147	123	239	169	→ ㉡
14	150	13	219	346	119	→ ㉢
49	77	79	328	81	310	→ ㉣
67	89	109	82	300	139	→ ㉤
99	101	62	321	120		
↓	↓	↓	↓	↓		
㉩	㉨	㉧	㉦	㉥		

정답 및 풀이 P.16

02
창의융합문제

뚜 둥
여긴 장군총과 광개토대왕릉비를 볼 수 있는 '지안'이야!
오~!
두근
우린 무엇을 볼까?
오회분 5호묘 벽화를 본 우우와 친구들
여기 벽화에 원과 부등호가 삼각형처럼 있네~? 각 원에 5부터 10까지 적어볼래?
세모 모양인데?
그럼, 난 삼각형 각 꼭짓점에 홀수만 적어야지...
난 상상이와 반대로 삼각형 꼭짓점에 짝수만 적을 거야!

상상이와 알알이는 삼각형의 꼭짓점에 각각 홀수만을 적고 짝수만을 적습니다. 과연 둘 중에 부등호를 만족하여 원 안에 숫자를 적을 수 있는 사람은 누구일까요?

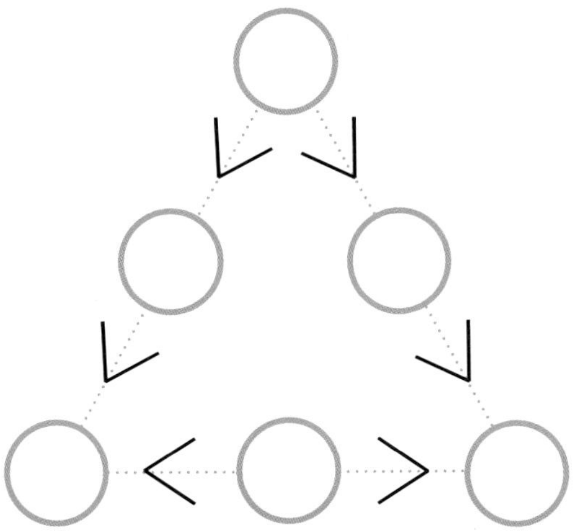

▲ 각 꼭짓점에 홀수만 적는 경우

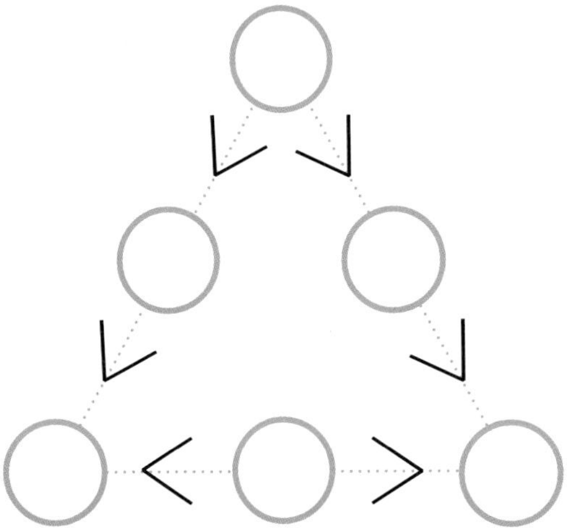

▲ 각 꼭짓점에 짝수만 적는 경우

중국에서 셋째 날 모든 문제 끝~!
장자제와 광저우로 이동하는 무우와 친구들에게 어떤 일이 일어날까요?

연산 기호 유래 !

+ 와 - 는 오늘날 가장 많이 사용하는 연산 기호래. 이 두 기호와 등호 (=) 는 어떻게 탄생했을까?
흐음...
먼저 + 는?
13세기 이탈리아 수학자 레오나르도 피사노
" 1 더하기 6" 을 " 1 et 6 " 으로 적었어. "et"는 라틴어로 "그리고", "~와" 라는 뜻이야!
오옹...
"et"를 빠르게 표기하면 + 가 되네?
1489년 독일의 수학자 비트만
"모자라다"라는 뜻의 라틴어 "minus"의 약자 "- m"에서 - 만 가져다 사용했어!
영국 수학자 로버트 레코드
"이 세상에 두 개의 평행선보다 더 같은 것은 없다." 라고 생각해.
아하!
= 은 처음에 훨씬 길이가 길었대!

이 세상에서 더 같은 것을 찾아볼까요?

4. 합과 차

장자제에 도착한 무우와 친구들
두둥
여긴 영화 "아바타"에 나온곳이야
멋있다~
와~~ 웅장한 산!
이 공원에 들어가 전망대를 갈거야!
산 꼭대기까지 올라가야해???
설마?~
엘리베이터 앞에 서있는 무우와 친구들
이걸 타고 가면 2분만에 도착한대
아싸.
정말 편하게 가겠다~ 좋아~!
원가계(전망대)에 도착한 무우와 친구들
야호~
저 멀리 봉우리가 멋있다!
여기 누가 돌을 쌓아 뒀네?
어떤 규칙이 있는거 같아!

중국
China
베이징
백두산
장자제
상하이
장시성
광저우

중국 넷째 날 DAY 4

중국에서 넷째 날, 무우와 친구들은 장시성에서 장자제으로 이동했어요. 장자제에서 〈원가계〉를 본 후, 광저우 〈베이징루 보행가〉와 〈광저우 타워〉로 이동할 예정이에요. 자, 그럼 먼저 〈원가계〉에 도착한 친구들과 함께 수학 문제를 풀어볼까요?

1. 가르기와 모으기

〈보기〉와 같이 어떤 규칙에 따라 돌 위에 수가 적혀있습니다. 〈보기〉와 같은 규칙으로 빨간색으로 색칠된 돌에는 어떤 수가 적혀있을까요?

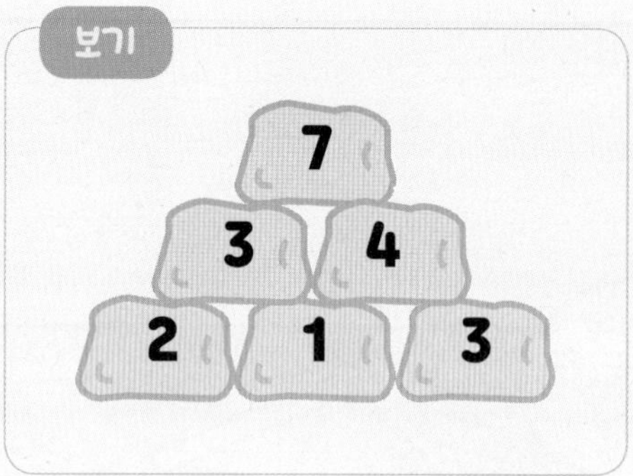

빨간색 돌에 적힌 수:

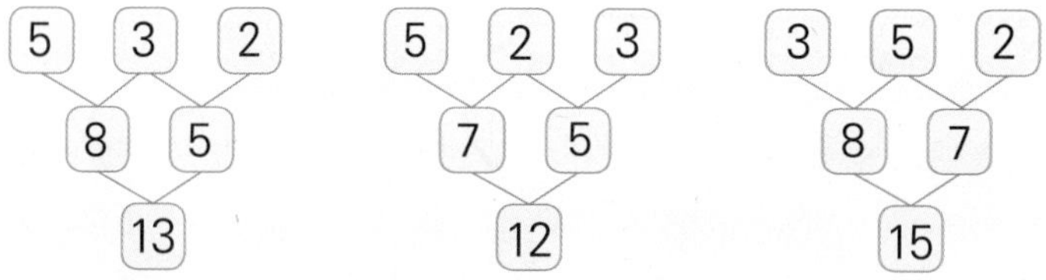

① 위 그림과 같이 똑같은 수 5, 3, 2를 모으기 해도 위치가 다르면 마지막에 모으기 한 값은 서로 달라집니다.

② 7을 두 수로 가르기를 하면 (1, 6), (2, 5), (3, 4)이 되고 세 수로 가르기를 하면 (1, 1, 5), (2, 2, 3), (1, 3, 3), (1, 2, 4)이 됩니다.

〈보기〉와 같이 맨 아래 줄에서 2와 1을 모아서 3이 되고, 1과 3을 모아서 4가 되고, 중간 줄에서 3과 4를 모아서 7이 되는 규칙을 찾을 수 있습니다.

먼저 〈그림〉의 맨 아래 줄에서 7과 어떤 수를 모아서 11이 되는지 찾습니다. 그 후 위로 올라갈수록 두 수 모으기를 하면 됩니다.

따라서 맨 위에 빨간색 돌에 적힌 수는 39입니다.

두 수를 한 수로 모으는 것을 "모으기" 라고 하고 한 수를 두 수로 가르는 것을 "가르기" 라고 합니다.

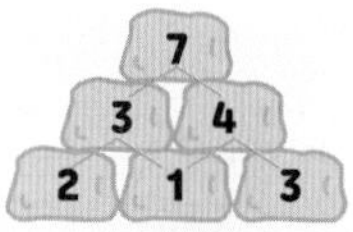

〈보기〉

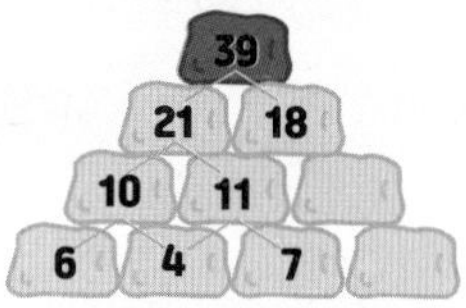

〈그림〉

2. 합과 차

제이야!
내가 널 위해 덧셈표를 만들었어! 이표를 보고 덧셈을 한번에 볼 수 있지!
덜컹
덧셈표?
덜컹
아이쿠~
실수로 무우 형이 만든 덧셈표에 물이 흘러버렸네~
아우
괜찮아~
젖은 곳의 수를 찾으면 돼!
날 위한 표였는데...
내가 완성해 볼게!

젖은 곳의 수를 찾아 무우가 만든 덧셈표를 완성하세요

+	9	14
	21	
		27

+	9	14
	21	
		27

설명

① 〈그림 1〉은 두 수의 합이 20인 경우입니다.

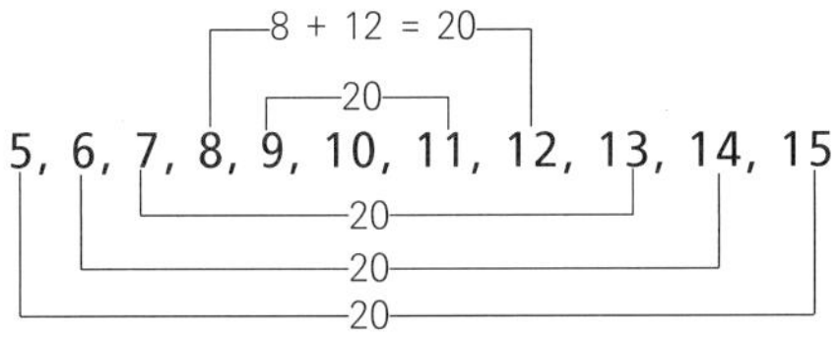

8 + 12 = 20
20
5, 6, 7, 8, 9, 10, 11, 12, 13, 14, 15
20
20
20

〈그림 1〉

② 〈그림 2〉는 두 수의 차가 5인 경우입니다.

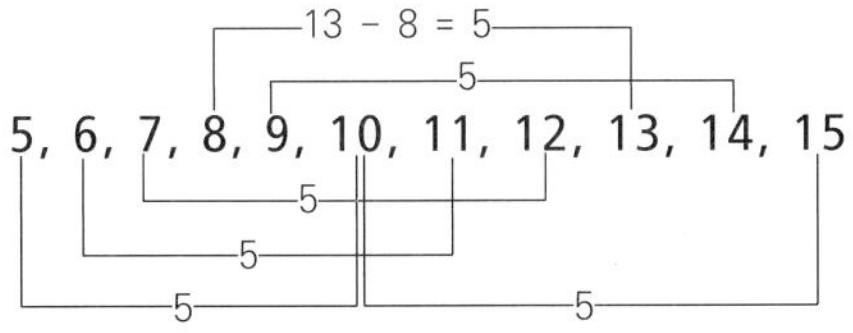

13 − 8 = 5
5
5, 6, 7, 8, 9, 10, 11, 12, 13, 14, 15
5
5
5
5

〈그림 2〉

정답

먼저 덧셈표를 오른쪽과 같이 빈칸에 차례대로 ㉠부터 ㉣까지 적습니다.
㉠ + 9 = 21이므로 ㉠ = 12입니다.
㉠ + 14 = ㉡에서 ㉠ = 12이므로 ㉡ = 26입니다.
㉢ + 14 = 27이므로 ㉢ = 13입니다.
㉢ + 9 = ㉣에서 ㉢ = 13이므로 ㉣ = 22입니다.
따라서 ㉠부터 ㉣ 까지 알맞은 수를 적어 〈완성된 덧셈표〉를 만들 수 있습니다.

+	9	14
㉠	21	㉡
㉢	㉣	27

+	9	14
12	21	26
13	22	27

〈완성된 덧셈표〉

4 대표문제

1 단계 . 가르기와 모으기

광저우에 도착한 무우와 친구들
공원을 갈까?
도심 속
공원이라~
좋아~!
티벅
티벅
여기 대형
지도가 있어!
지도를 보니깐
아래처럼 연결된
원 그림이 생각나네
원??

그림에서 흰색 원에 각각 짝수 2, 4, 6, 8, 10을 한 번씩만 적을 때, 두 수를 모으기 해서 파란색 원 안에 들어갈 수 있는 수를 모두 구하세요.

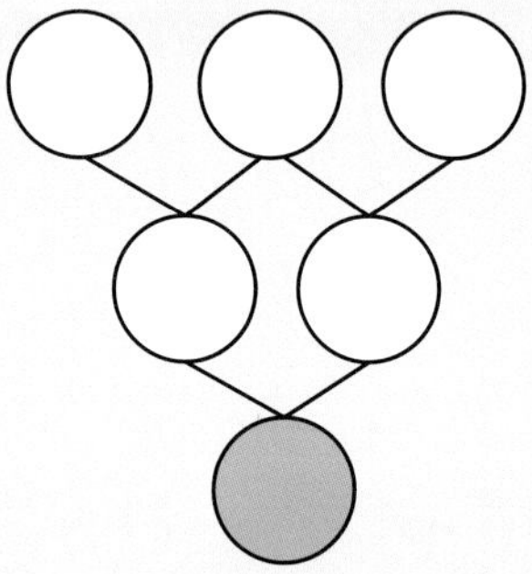

Step 1 맨 윗 줄의 원에 들어갈 수 없는 수를 구하세요.

Step 2 가운데 줄의 원에 들어갈 수 없는 수를 모두 구하세요.

Step 3 모으기를 하여 파란색 원 안에 들어갈 수 있는 수를 모두 적으세요.

풀이

Step 1 맨 윗 줄의 원에 들어갈 수 없는 수는 10입니다.

Step 2 가운데 줄의 원에 들어갈 수 없는 수는 2와 4입니다. 주어진 짝수로 2와 4는 두 수를 모아서 만들 수 없기 때문입니다.

Step 3 오른쪽과 같이 두 가지 경우에서 모으기를 하면 파란색 원에는 16과 18이 들어갈 수 있습니다.

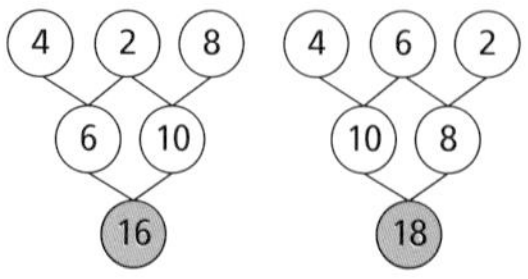
4
2
8
6
10
16
4
6
2
10
8
18

정답 : 16과 18

확인하기 1

6을 여러 가지 방법으로 두 수로 가르기 하세요.

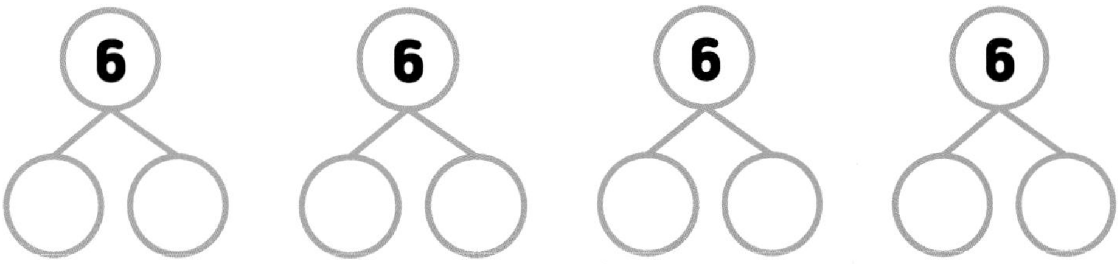

확인하기 2

두 번 모으기 해서 13이 되도록 1, 2, 5, 6을 각각 원 안에 알맞게 적으세요.

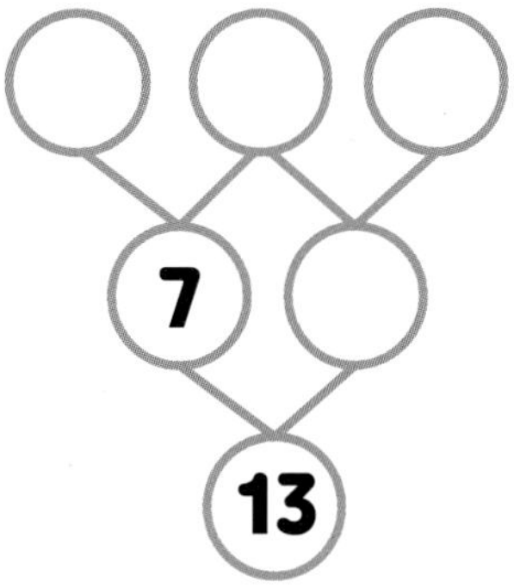

확인하기 3

19를 두 수로 가르기 하고 각 수를 다시 한번 두 수로 가르기 했을 때, 마지막 줄에 순서 없이 2, 7, 8이 나왔습니다. 각 원 안에 알맞은 수를 적으세요.

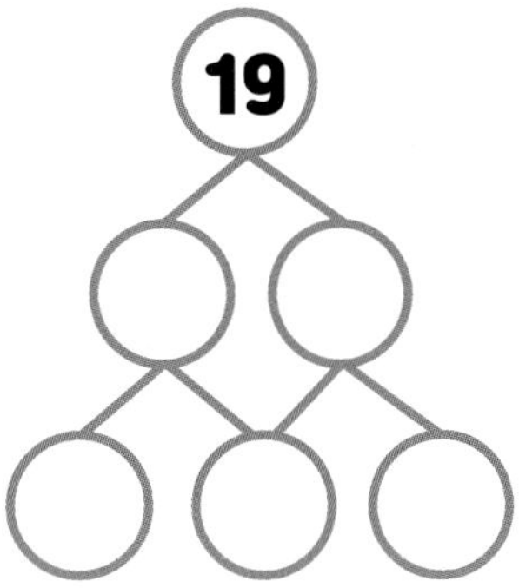

2 단계 . 합과 차

베이징루 보행가에 도착한 무우와 친구들
뚜둥~
여긴 상점이 많은 번화가야
오호~ 사람이 많다!
웅성
웅성
왜 저기 사람들이 바닥을 보고 있지?
??
그러게? 한 번 가보자
"천년 고루 유적"을 보는 무우와 친구들
어? 투명 유리가 바닥에 있어!
아하!
아! 이건 고대 도로와 성문 유적을 보존하려고 한 거야!
저기 성문에 숫자 표가 있다!!
숫자 표에서 세 수의 합이 11이 되는 것을 표시해봐!
오!

〈예시〉는 세 수의 합이 10인 경우를 ▭ 와 └ 으로 표시했습니다. 표에서 세 수의 합이 11인 경우를 ▭ 와 └ 으로 표시하여 모두 몇 개인지 찾으세요. (단, 모양을 회전시켜 표시해도 됩니다.)

〈예시〉

1	3	8
7	2	4
9	5	6

9	4	3	4
5	8	2	6
5	6	7	1
1	3	2	9

Step 1 세 수의 합이 11인 곳을 ▭ 으로 표시하세요.

9	4	3	4
5	8	2	6
5	6	7	1
1	3	2	9

Step 2 세 수의 합이 11인 곳을 └ 으로 표시하세요.

9	4	3	4
5	8	2	6
5	6	7	1
1	3	2	9

Step 1 〈그림 1〉과 같이 세 수의 합이 11인 곳을 모두 표시합니다. ⇒ 총 4개입니다.

Step 2 〈그림 2〉과 같이 세 수의 합이 11인 곳을 모두 표시합니다. ⇒ 총 2개입니다.

9	4	3	4
5	8	2	6
5	6	7	1
1	3	2	9

〈그림 1〉

9	4	3	4
5	8	2	6
5	6	7	1
1	3	2	9

〈그림 2〉

정답 : 6개

확인하기 1

〈보기〉의 6장의 카드 중 2장의 숫자 카드를 뽑았습니다. 두 숫자 카드의 적힌 수의 차가 2가 되는 경우를 모두 찾으세요.

보기

2 4 5 6 7 9

확인하기 2

세 수의 합이 7인 경우를 □ 와 ㄴ 으로 표시하여 모두 몇 개인지 찾으세요. (단, 모양을 회전시켜 표시해도 됩니다.)

1	1	3
4	5	3
2	3	2

4 연습문제

01 <보기>의 3장의 숫자 카드 중 2장의 숫자 카드를 뽑았습니다. 2장의 숫자 카드를 모으기 한 수를 모두 찾아 적으세요.

보기

1 **2** **5**

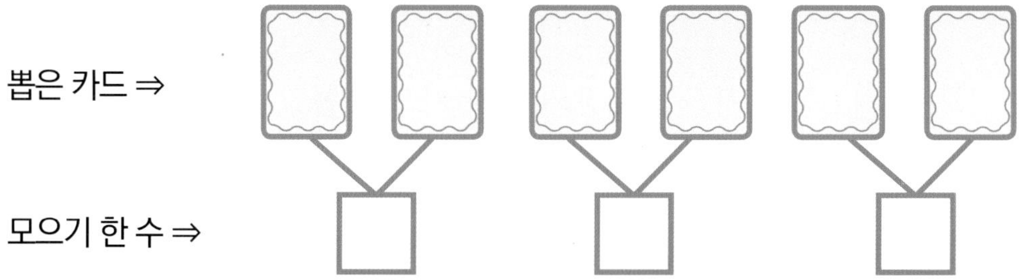

02 세 수를 가르기 한 것입니다. 빈칸에 알맞은 수를 각각 적으세요.

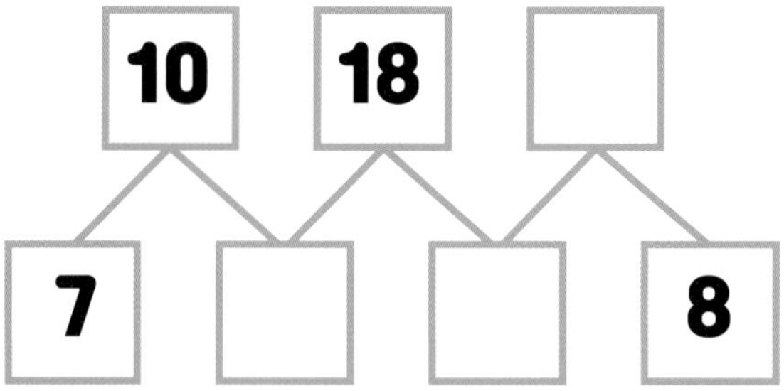

정답 및 풀이 P.17

03 〈보기〉와 같이 도미노의 맞닿는 점의 개수의 합이 3입니다. 주어진 3개의 도미노로 맞닿는 점의 개수의 합이 5, 6이 되도록 빈칸에 점을 그리세요. (단, 도미노를 돌려도 됩니다.)

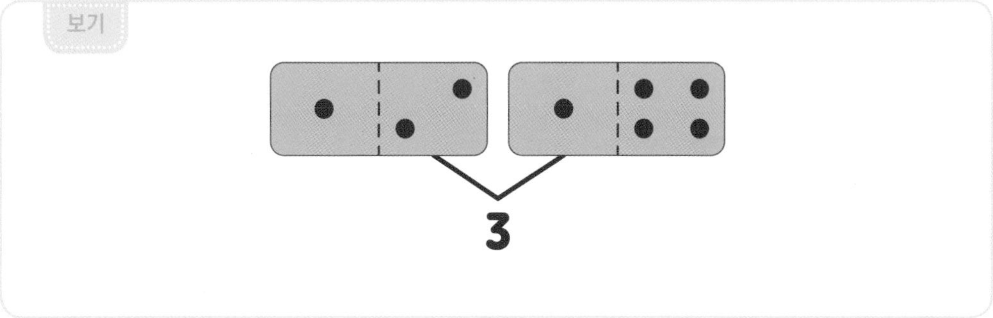

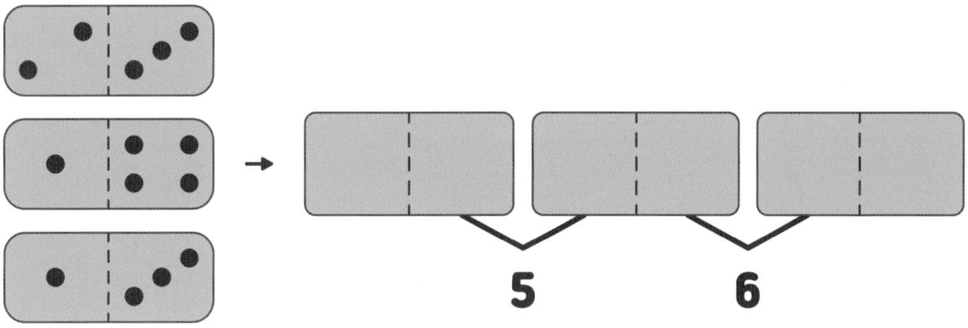

04 두 수의 차가 3인 경우를 □ 와 □ 으로 표시하여 모두 몇 개인지 찾으세요.

1	3	2
4	7	5
8	9	6

05 두 수를 모으기와 가르기를 한 것입니다. 빈칸에 알맞은 수를 적으세요.

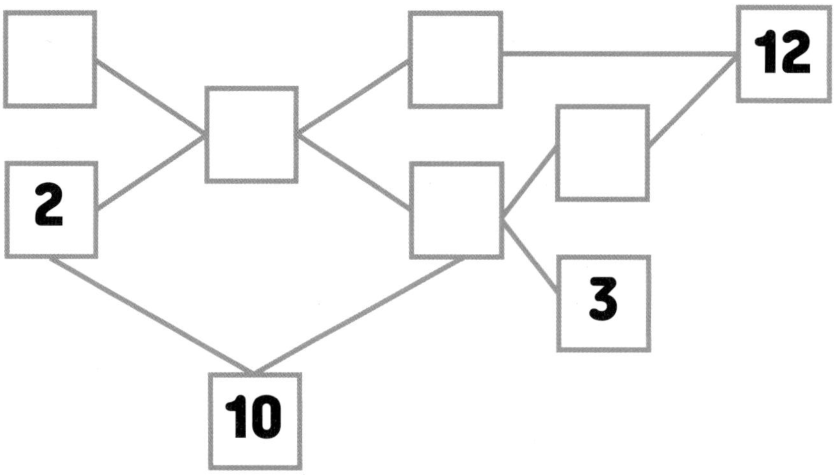

06 <보기>의 6장의 카드 중 3장의 숫자 카드를 뽑았습니다. 뽑은 세 장의 숫자 카드에 적힌 수의 합이 12가 되는 경우를 모두 찾으세요.

정답 및 풀이 P.18

07 20을 두 번 가르기 하고 한 번 모으기 해서 16을 만들었습니다. 모든 원 안에 짝수만 적을 때, 각 원 안에 들어갈 수 있는 짝수를 적으세요. (단, 원 안에는 0이 들어가지 않습니다.)

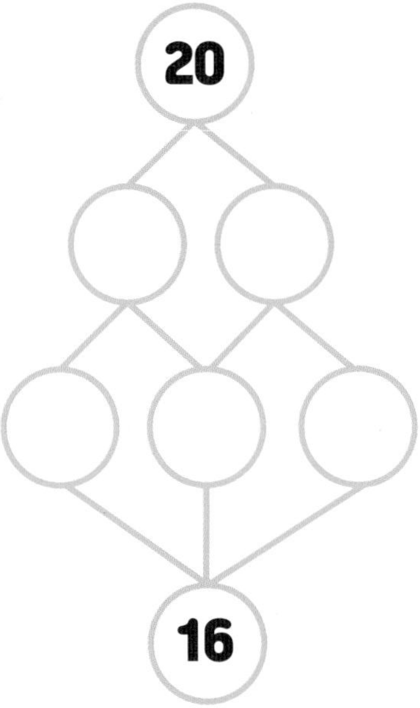

08 사각형의 가로, 세로, 대각선 방향으로 같은 줄에 있는 세 수의 합을 원 안에 적었을 때, 사각형 안의 빈칸에 알맞은 수를 각각 적으세요.

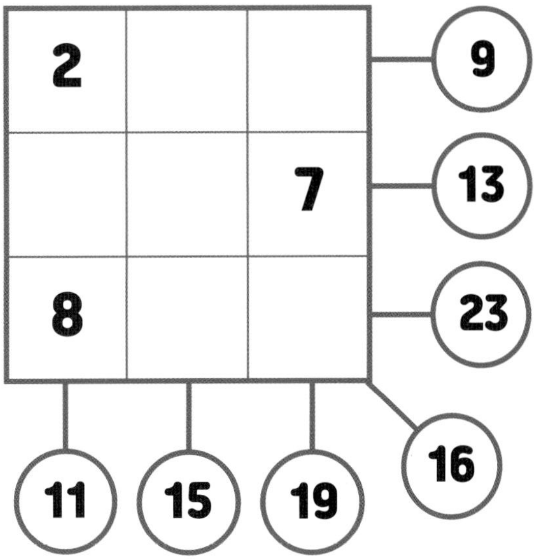

09 사다리 타기는 맨 위에서 내려가면서 가로선이 있으면 반드시 꺾어가고, 위로 올라갈 수 없습니다. 사다리의 가로선에서 계산을 할 때, ㉠, ㉡, ㉢에 들어갈 알맞은 수를 적으세요.

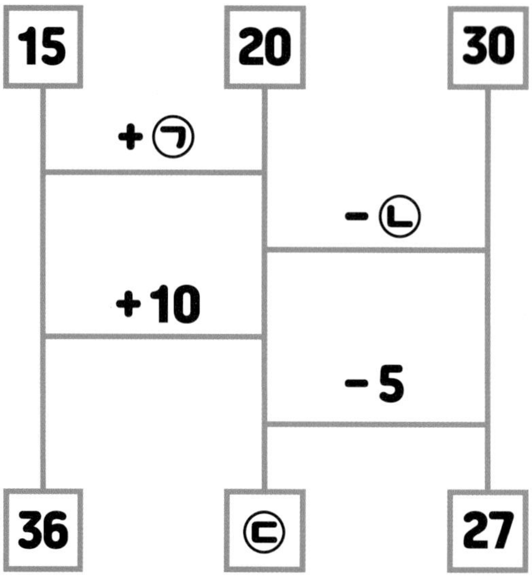

10 ㉠을 여러 번 가르기 할 때, 마지막 줄에 순서 없이 1, 3, 4, 5가 나왔습니다. ㉠이 가장 크게 될 때와 가장 작게 될 때, 각각 빈칸에 알맞은 수를 적으세요.

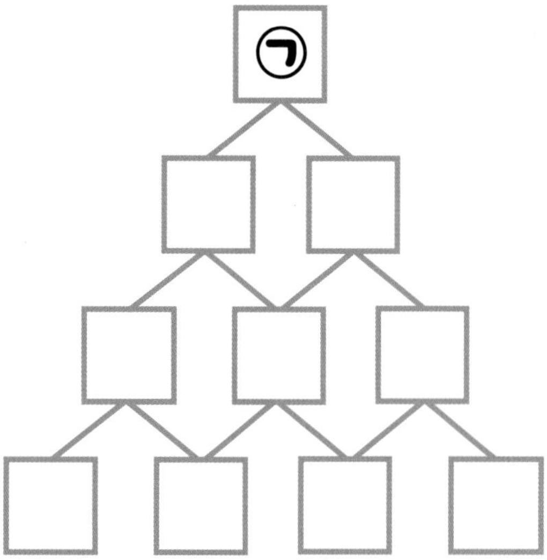

▲ ㉠이 가장 큰 수가 될 때

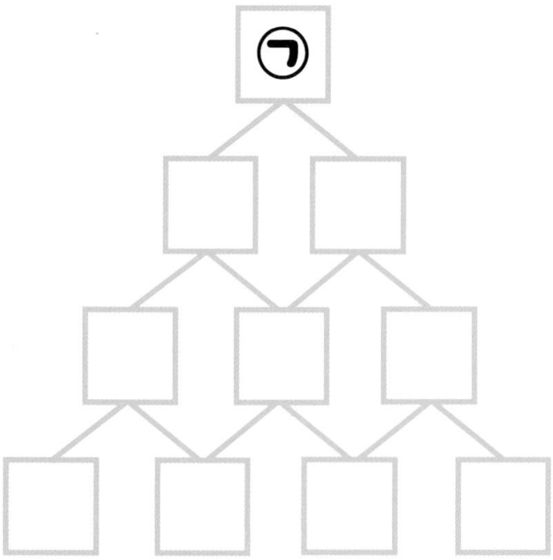

▲ ㉠이 가장 작은 수가 될 때

11 〈보기〉와 같이 뺄셈식을 ▭ 와 ▯ 으로 표시할 때, 주어진 표에서 찾을 수 있는 식은 모두 몇 개일까요? (단, 모양을 대각선으로 표시하지 않습니다.)

보기

7	4	3
6	3	2
5	1	7

⇒ 7 - 4 = 3

⇓

4 - 3 = 1

6	11	9	2
5	10	3	7
1	1	0	5
7	2	0	2

12 서로 다른 3장의 숫자 카드 중 2장의 숫자 카드를 골라 합 또는 차를 했을 때, 결과 값이 〈보기〉의 6개의 수가 나왔습니다. 나머지 숫자 카드에 적힌 한 자리 수를 각각 구하세요.

2 ? ?

보기

1 3 5 6 8 9

4 심화문제

01 <보기>는 도미노의 점의 개수를 모으기 한 것입니다. 이와 같이 빈칸에 알맞은 도미노의 점을 그려 넣으세요.

보기

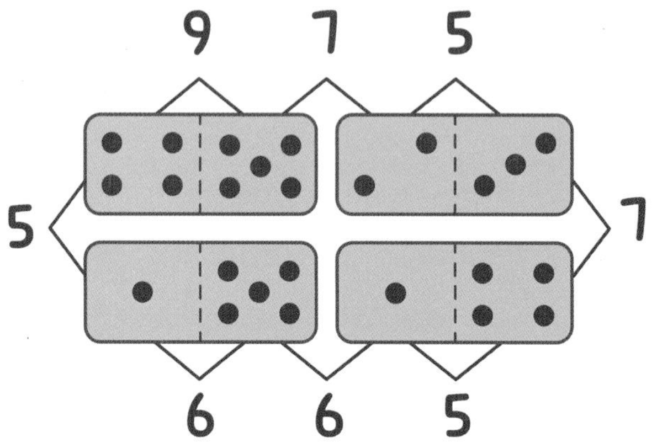

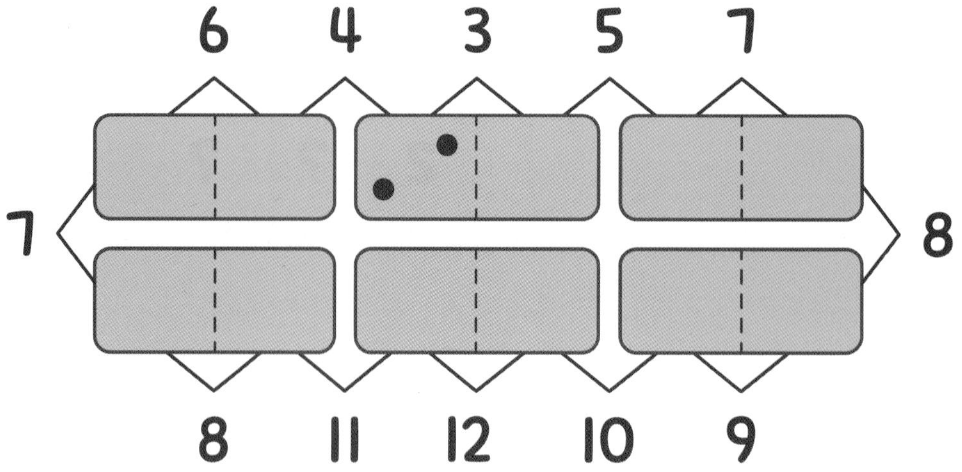

02 사각형의 가로와 세로 방향으로 같은 줄에 있는 두 수의 합을 원 안에 적고 두 수의 차를 삼각형 안에 적을 때, 각 빈칸에 알맞은 수를 적으세요.

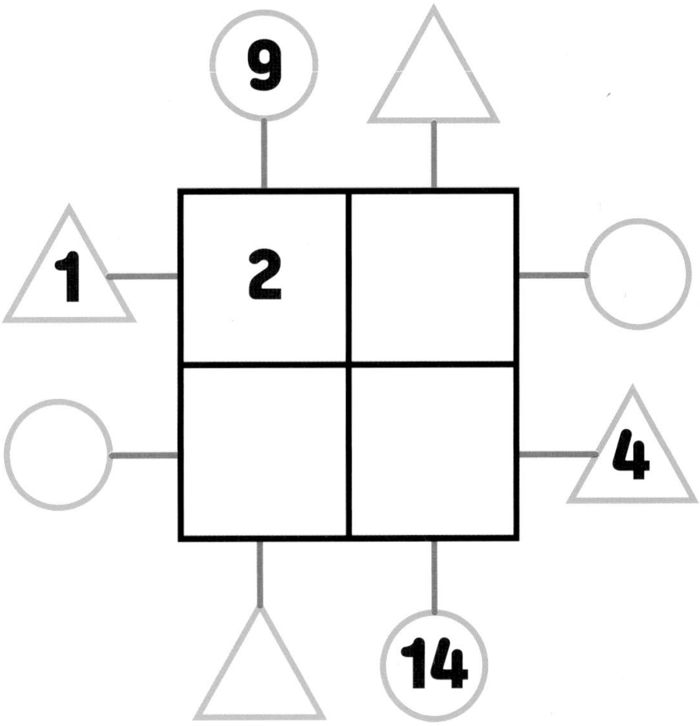

4 심화문제

03 〈보기〉의 8장의 숫자 카드를 한 번씩 사용하여 빈칸에 알맞게 놓으세요.

보기

1 2 4 5 6 7 8 20

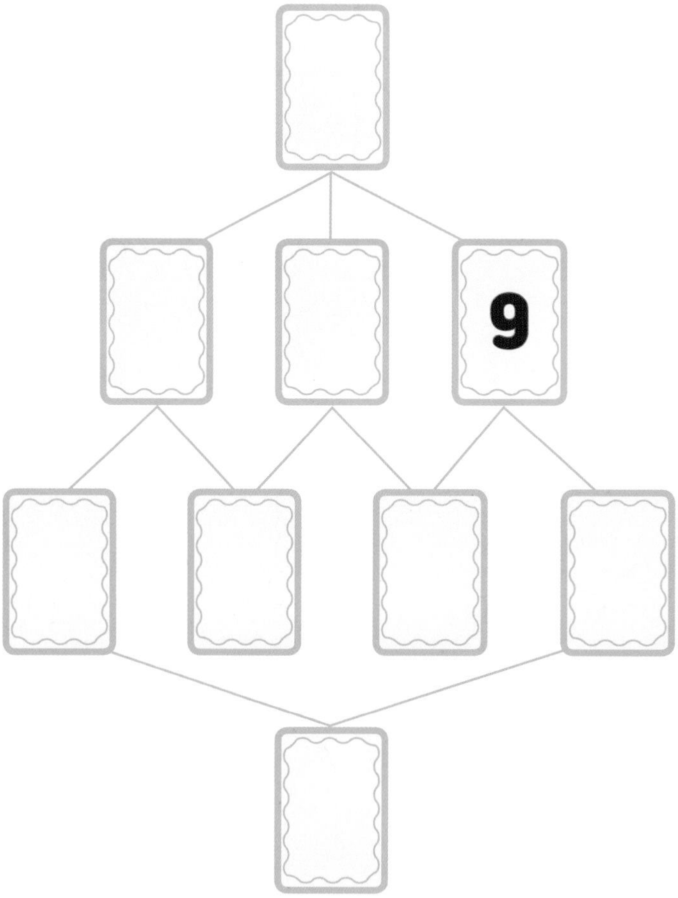

04 가로줄과 세로줄에 놓인 세 수의 합이 같도록 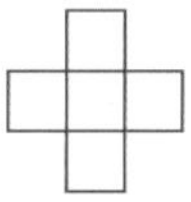 으로 표시할 때, 알맞은 경우는 모두 몇 개일까요? (표시된 것도 포함합니다.)

2	3	4	8	7	4	2
5	2	1	4	2	3	8
6	3	1	9	7	6	1
4	1	5	4	2	4	3
6	6	8	3	1	2	5

01

<보기>와 같이 원이 겹친 부분의 수는 각 원에 적힌 수를 모으기 한 것입니다. 3개의 원을 겹쳤을 때, ㉠, ㉡, ㉢에 들어갈 알맞은 수를 각각 구하세요.

보기

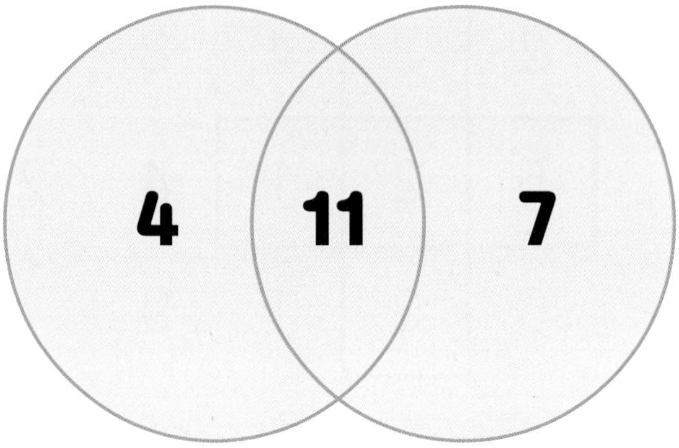

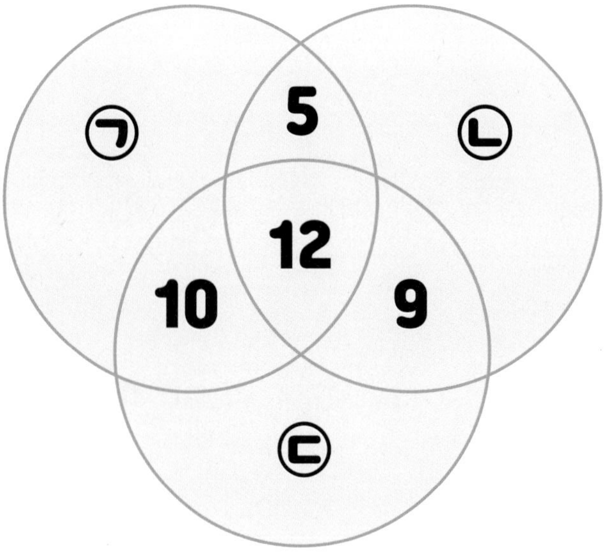

02
창의융합문제

광저우 타워에 도착한 무우와 친구들
두 둥
저기 봐! 엄청 높지!
총 높이가 600m래!
광저우의 야경이 다 보여~ 우리 회전 관람차 탈거야
좀 무섭겠다...
내가 아는 관람차?
부들
부들
활짝
이 관람차를 타고 싶으면 내가 낸 문제를 맞춰야해!
짜잔
알겠어! 해볼게
타고 싶은데...
자! 이 종이를 봐! 여기 수 피라미드와 문제가 적혀 있어~ 한번 풀어봐
슥
흠...
오~ 난 한 번에 풀 수 있겠다!
수 피라미드?

〈예시〉와 같이 가르기와 모으기를 할 때, ㉠에 들어갈 수 있는 가장 큰 수와 가장 작은 수를 각각 구하세요. (단, 빈칸에 0은 들어갈 수 없습니다.)

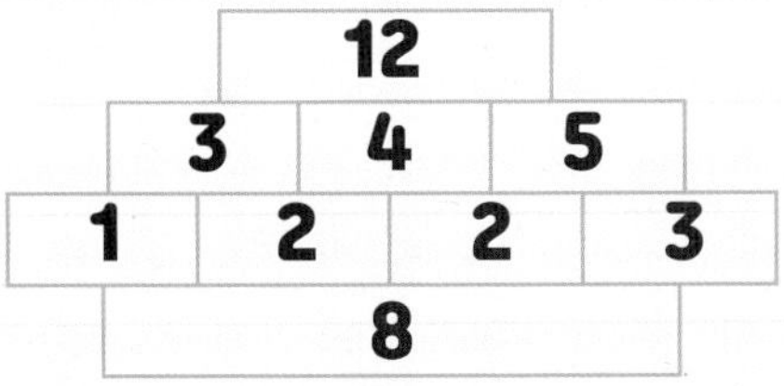
12
3 4 5
1 2 2 3
8
〈예시〉

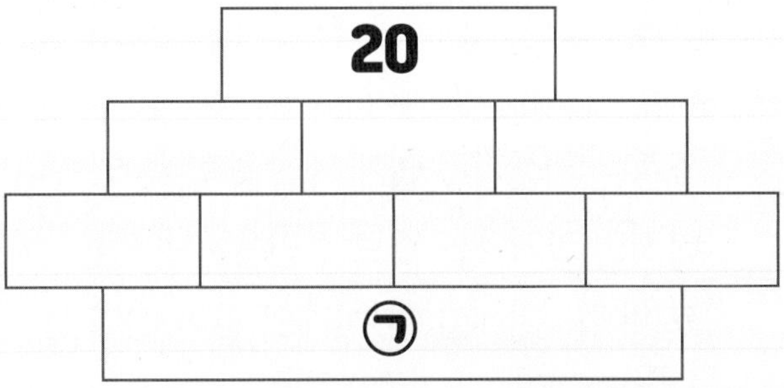
20
㉠

중국에서 넷째 날 모든 문제 끝~!
쿤밍으로 이동하는 무우와 친구들에게 어떤 일이 일어날까요?

덧셈을 빨리하는 방법!

복잡한 덧셈을 빨리 계산하기 위해서는 10을 만드는 수(보수)를 먼저 찾으면 편리합니다.

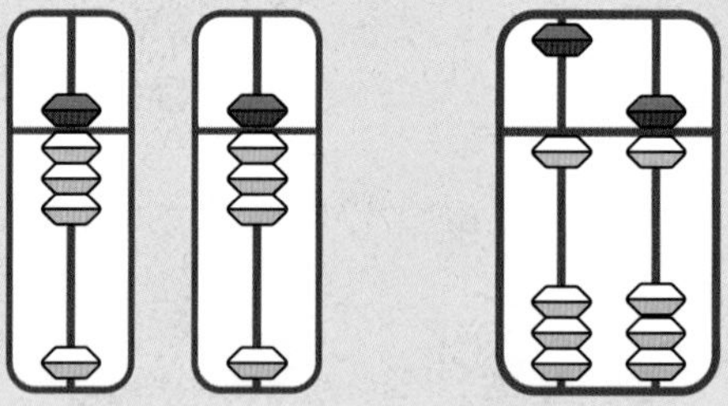

보수란, 보충을 해주는 수입니다.
예를 들어 1에 대한 10의 보수는 9, 3에 대한 10의 보수는 7입니다.
요즘은 계산기로 쉽게 계산을 할 수 있습니다.
하지만 과거에는 주로 주판을 사용했습니다.
주판에서 덧셈할 때, 아래와 같이 10의 보수를 이용합니다.

8 + 8의 계산할 때, 8에 대한 10의 보수인 2를 생각합니다. 8을 2과 6으로 가르기 합니다.
8 + 8 = (8 + 2) + 6 = 10 + 6 = 16으로 계산합니다.

5. 식 만들기

쿤밍에 도착한 무우와 친구들
두-둥
여긴 원난 성의 성도야!
성도???
날씨가 따뜻하다!
타박
오! 저기 멀리 리프트가 보인다!
우린 저걸 타고 정상에 갈 거야~
좋아~
타박
정상에는 장수와 복을 주는 석문이 있어! 그걸 꼭 만져야 해!
위이잉
오래 살고~ 복도 받고~ 해야지
이 석문을 만지고 싶은 사람은 이 문제를 풀어봐!
팍
얼른 문제 내봐! 풀어볼게

중국
China
베이징
백두산
상하이
장자제
장시성
쿤밍
광저우

중국 다섯째 날 DAY 5

중국에서 다섯째 날, 무우와 친구들은 광저우에서 쿤밍으로 이동했어요. 쿤밍의 〈시 산〉을 간 후, 〈석림〉, 〈주샹〉, 〈위안머우〉, 〈웨룽산〉을 여행할 예정이에요. 자, 그럼 먼저 〈시 산〉의 정상 용문에 도착한 친구들과 함께 수학 문제를 풀어볼까요?

1. 식 만들기

[2] [3] [4] [7] [9] 을 한 번씩 사용해서 식을 완성하세요.

□ - □ = □
+
□
=
□

〈식1, 2〉와 같이 덧셈과 뺄셈이 같이 나올 때, 먼저 나온 연산 기호부터 차례대로 계산합니다.
〈식 3, 4〉와 같이 덧셈, 뺄셈, 곱셈이 같이 나올 때, 반드시 곱셈부터 계산합니다.

〈식 1〉 □ + □ - □ = □ (① 앞의 두 수의 덧셈, ② ①의 결과에서 뺄셈)

〈식 2〉 □ - □ + □ = □ (① 앞의 두 수의 뺄셈, ② ①의 결과에 덧셈)

〈식 3〉 □ + □ × □ = □ (① 뒤의 두 수의 곱셈, ② ①의 결과와 덧셈)

〈식 4〉 □ - □ × □ = □ (① 뒤의 두 수의 곱셈, ② ①의 결과로 뺄셈)

먼저 덧셈식을 완성합니다. 주어진 숫자 카드 2장으로 덧셈을 했을 때, 계산 결과 값이 주어진 숫자 카드 중 하나의 경우를 찾습니다. 3 + 4 = 7과 2 + 7 = 9가 있습니다. 3 + 4 = 7인 경우, 〈안되는 예〉처럼 빈칸에 나머지 숫자 카드 2, 9를 놓을 수 없습니다. 2 + 7 = 9인 경우, 〈정답 1, 2〉와 같이 나머지 숫자 카드 3, 4로 뺄셈식 7 - 4 = 3 또는 7 - 3 = 4를 만들 수 있습니다.

〈안되는 예〉	〈정답 1〉	〈정답 2〉
4 - □ = □ + 3 = 7	7 - 3 = 4 + 2 = 9	7 - 4 = 3 + 2 = 9

2. 연산 기호 넣기

석림에 도착한 무우와 친구들
오 대단한 바위네~
여긴 바닷속에서 생긴 바위가 지상으로 올라오면서 생긴 경관이야!
쇼오오오
저기 멀리 보이는 연꽃을 닮은 봉우리와 사자를 닮은 봉우리가 있어!
오오...
신기하다~~
사람이 너무 많다~ 사람들 머리 밖에 안보여... 조심해 얘들아
%?
우리 손 꼭 잡고 있으니 놓치지 않을 거야
어라?
누가 이 쪽지를 떨어트렸나봐~
그러게 X 표시 해보자!
나도 계산 해볼래~
식이 이상한데?

〈예시〉와 같이 종이에 적힌 식이 성립하도록 필요 없는 부분을 ╳ 표시하세요.

예시

20 + 12 ~~− 7~~ − 4 = 28

17 − 5 + 8 − 10 = 15

설명

〈식〉과 같이 +가 여러 개 있는 식에서 한 개의 +를 −으로 바꾸면, −으로 바뀐 수의 2배만큼 작아집니다.

4 + 3 + 2 + 1 = 10
↓ ↓ −4
4 + 3 − 2 + 1 = 6

〈식〉

정답

주어진 식 17 − 5 + 8 − 10을 계산하면 10입니다. 종이에 적힌 답 15와 10의 차가 5이므로 〈식〉에서 필요없는 부분은 − 5입니다. 따라서 − 5에 ╳표시하면 됩니다.

〈식〉 17 ~~− 5~~ + 8 − 10 = 15

1 단계 . 식 만들기

주상에 도착한 무우와 친구들
고오오~
보트 타고 동굴로 갈거야~
우와~
동굴 안에 무엇이 있을까?
어? 상자 위에 숫자 카드 7장이 놓여있어!
그러게? 숫자 카드가 있네?
이 중 6장으로 식을 만들어 볼래?

7개의 숫자 카드 1 2 3 4 5 6 7 가 한 장씩 있습니다. 이 중 6개의 숫자 카드를 골라, 식이 성립하도록 두 수의 합이 서로 다른 3가지 방법으로 만드세요.

□ + □ = □ + □ = □ + □

□ + □ = □ + □ = □ + □

□ + □ = □ + □ = □ + □

Step 1 주어진 숫자 카드로 두 수의 합이 7, 8, 9인 경우를 모두 구하세요.

Step 2 **Step 1** 에서 찾은 경우를 아래 등식에 알맞게 숫자 카드를 놓으세요.

□ + □ = □ + □ = □ + □

□ + □ = □ + □ = □ + □

□ + □ = □ + □ = □ + □

Step 1 주어진 숫자 카드 7장 중에 6장을 뽑아 두 수의 합이 7이 되는 경우는 (1, 6), (2, 5), (3, 4)이고,
두 수의 합이 8이 되는 경우는 (1, 7), (2, 6), (3, 5)이고,
두 수의 합이 9가 되는 경우는 (2, 7), (3, 6), (4, 5)입니다.

Step 2 **Step 1** 에서 구한 두 수의 합이 7, 8, 9가 되는 경우를 〈정답〉과 같이 각각 숫자 카드를 놓습니다. 단, 덧셈에서 두 수는 서로 자리 바꿔도 상관없습니다.

$$1+6=2+5=3+4$$
$$1+7=2+6=3+5$$
$$2+7=3+6=4+5$$

〈정답〉

확인하기 1

주머니에는 수가 적힌 공 6개가 있습니다. 예시와 같이 6개의 공 중에서 3개의 공을 꺼내 덧셈식을 만듭니다. 만들 수 있는 덧셈식을 모두 적으세요. (단, 같은 수로 만든 식은 같은 것으로 봅니다.)

$$1+2=3$$

▲ 예시

확인하기 2

1부터 5까지의 수 중에서 서로 다른 3개의 수를 빈칸에 써넣어 식을 완성하려고 합니다. 서로 다른 두 가지 방법을 적으세요. (단, 같은 수로 만든 식은 같은 것으로 봅니다.)

〈방법 1〉 $\square + \square - \square = 7$

〈방법 2〉 $\square + \square - \square = 7$

2 단계 . 연산 기호 넣기

위안머우에 도착한 무우와 친구들
두둥~
신기한 흙기둥이 있어!
엄청 높아~!!!
산책길을 걷는 무우와 친구들
타박
햇빛에 따라 색이 달라보여
화살표를 따라가면 돼!
타박
숙소로 돌아온 무우와 친구들
산책 다 했다~ 우리 숙소로 돌아가자!
흥?
그래~
반짝
반짝
저기 별이 신기하게 놓여있는데?
그러네? 무슨 숫자와 원이 보여!
내가 적어볼게!

아래와 같이 알알이가 메모장에 식을 적었습니다. 두 식이 성립하도록 ○ 안에 연산 기호 +, −를 알맞게 써넣으세요.

12 ○ 3 ○ 7 ○ 5 = 13

12 ○ 3 ○ 7 ○ 5 = 3

Step 1 ○ 안에 모두 + 만 넣었을 때, 계산 결과 값을 구하세요.

12 ○ 3 ○ 7 ○ 5 =

Step 2 **Step 1** 의 계산 결과 값과 13의 차를 이용해 ○ 안에 알맞은 연산 기호를 적으세요.

12 ○ 3 ○ 7 ○ 5 = 13

Step 3 **Step 2** 에서 찾은 식과 아래 식을 비교하여 ○ 안에 알맞은 연산 기호를 적으세요.

12 ○ 3 ○ 7 ○ 5 = 3

Step 1 + 만 넣었을 때, 식은 **12 + 3 + 7 + 5**으로 계산 결과 값은 27입니다.

Step 2 **Step 1** 의 계산 결과 값 27과 13의 차는 14이므로 7의 2배입니다. 따라서 **Step 1** 에서 찾은 식에서 7 앞에 연산 기호를 – 로 바꾸면 **12 + 3 – 7 + 5 = 13**이 됩니다.

Step 3 **Step 2** 의 계산 결과 값 13과 3의 차는 10이므로 5의 2배입니다. 따라서 **Step 2** 에서 찾은 식에서 5 앞에 연산 기호를 – 로 바꾸면 **12 + 3 – 7 – 5 = 3**이 됩니다.

정답 : **12 + 3 – 7 + 5 = 13**
12 + 3 – 7 – 5 = 3

확인하기 1

〈보기〉와 같이 주어진 식이 성립하도록 필요 없는 부분을 ╳ 표시하세요.

보기

11 + 2 ~~– 6~~ + 9 = 22

15 + 6 – 9 + 11 = 17

확인하기 2

두 식이 성립하도록 ○ 안에 연산 기호 +, – 를 각각 알맞게 써넣으세요.

4 ○ 7 ○ 11 ○ 8 = 8

4 ○ 7 ○ 11 ○ 8 = 14

01 <보기>에는 숫자 카드 3장과 연산 기호 3개가 있습니다. 예시와 같이 주어진 숫자 카드 3장과 연산 기호를 사용해서 두 식을 완성하세요.

보기

1 3 4 ⊕ ⊖ ⊗

$$34 + 1 = 35$$

▲ 예시

□ ○ □ ○ □ = 7

□□ ○ □ = 9

02 7, 8, 9, 10, 11, 12가 적힌 숫자 카드 6장이 있습니다. 이 숫자 카드를 한 번씩 사용해서 식을 완성하세요.

□ − □ = □ − □ = □ − □

03 주어진 숫자 카드 3장과 연산 카드 한 장 이상을 사용해서 만들 수 없는 계산 결과 값을 찾으세요. (단, 3장의 숫자 카드를 모두 사용하지 않아도 됩니다.)

1 3 8 + -

㉠ 4 ㉡ 6 ㉢ 10 ㉣ 13 ㉤ 15

04 식에 숫자 카드 1 3 5 7 을 한 번씩 사용해서 계산 결과 값이 서로 다른 4가지 방법이 되도록 만드세요.

□ + □ - □ = □

□ + □ - □ = □

□ + □ - □ = □

□ + □ - □ = □

05 2부터 10까지 적힌 숫자 카드 9장이 있습니다. 9장 중 6장의 숫자 카드를 한 번씩 사용해서 곱셈식 3개를 만들려고 합니다. 숫자 카드에 알맞은 수를 써넣으세요.

$\square \times \square = 20$

$\square \times \square = 24$

$\square \times \square = 40$

06 식이 맞도록 ○ 안에 연산 기호 +, -를 각각 알맞게 써넣으세요.

8 ○ 7 ○ 6 = 10 ○ 5 ○ 4

정답 및 풀이 P.23

07 2부터 7까지 적힌 숫자 카드 6장이 있습니다. 6장 중 5장의 숫자 카드를 한 번씩 사용해서 식을 완성하려고 합니다. 숫자 카드에 알맞은 수를 써넣으세요.

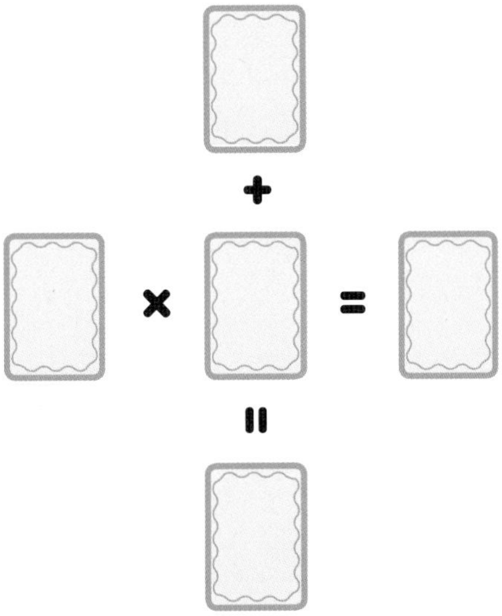

08 틀린 식이 맞도록 숫자 카드 2장의 위치를 서로 바꾸려고 합니다. 틀린 식에서 바꿔야 하는 숫자 카드에 ○ 표시하고 숫자 카드를 바꾼 고친 식을 다시 적으세요.

5 연습문제

09 ○ 안에 연산 기호 +, -를 써 넣어 계산한 결과 중 가장 큰 결과 값이 32라고 합니다. □ 안에 알맞은 수를 찾고 연산 기호를 바꿔서 두 번째로 큰 결과 값을 구하세요.

17 ○ □ ○ 8 ○ 3 = ?

10 주어진 숫자 카드 6장을 모두 한 번씩 사용해서 두 곱셈식을 만들려고 합니다. 숫자 카드에 알맞은 수를 써넣으세요.

[0] [2] [3] [6] [7] [8]

4 × □ = □□

□ × 5 = □□

정답 및 풀이 P.23

11 <보기>와 같이 수 사이에 +만 써넣어 식이 맞도록 만들었습니다. 주어진 수 사이에 +만 써넣어 식을 완성하세요.

보기

1 2 3 4 5 = 33

⇓

1 + 2 3 + 4 + 5 = 33

⇓

1 + 23 + 4 + 5 = 33

2　3　4　5　6 = 56

12 4장의 숫자 카드를 한 번씩 사용해서 주어진 식을 완성할 때, 계산 결과 값이 가장 클 때와 가장 작을 때의 식을 각각 구하세요.

1　3　4　6

가장 클 때 : ☐☐ + ☐ − ☐ =

가장 작을 때 : ☐☐ + ☐ − ☐ =

5 심화문제

01 주어진 식과 같이 1부터 9까지 중에서 홀수만 더했을 때, 25가 됩니다. 주어진 식에서 4개의 + 중 1개만 × 로 바꿔 계산한 결과 값이 32가 되도록 ○ 안에 연산 기호 +, × 을 각각 알맞게 써넣으세요.

주어진 식 $1 + 3 + 5 + 7 + 9 = 25$

바꾼 식 1 ○ 3 ○ 5 ○ 7 ○ 9 = 32

02 2부터 7까지 적힌 숫자 카드에 연산 기호 +, - 를 각각 2개씩를 써서 식을 완성하려고 합니다. 숫자 카드 사이에 알맞은 연산 기호를 써넣어 식을 완성하세요.

7 6 5 4 3 2 = 54

정답 및 풀이 P.24

03 0부터 9까지 수 중에서 서로 다른 4개의 수를 빈칸에 써넣어 계산 결과 값이 두 자리 수인 곱셈식을 완성하려고 합니다. 만들 수 있는 곱셈식은 모두 몇 개일까요? (단, 2 × 3과 3 × 2는 같은 것으로 봅니다.)

□ × □ = □□

04 식이 맞도록 ○ 안에 각각 연산 기호 +, −, × 를 한 번 이상 써넣으세요.

9 ○ 87 ○ 6 ○ 5 ○ 4 ○ 3 ○ 2 ○ 1 = 100

01 <보기>에는 각 면에 2부터 7까지 적혀있는 주사위가 있습니다. 이 주사위를 4번 굴려서 나오는 눈의 수를 주어진 식에 적어 완성할 때, 계산 결과 값이 가장 클 때와 가장 작을 때의 식을 각각 구하세요.

보기

가장 클 때 □ + □□ − □ =

가장 작을 때 □ + □□ − □ =

02
창의융합문제

웨룽쉐 산에 도착한 무우와 친구들
고오오 오
저 멀리 설산이 보여!
설산 봉우리가 총 13개래~
짜잔
이걸 타고 빙천 공원에 갈 거야~
어떤 풍경이 있을까?
높은 곳으로 올라가?
휘이잉
이제 조금만 걸어 올라가면 전망대야! 고산병에 조심해!
고산병?
고지대로 갔을 때, 일어나는 병이야
설산을 보니 아래와 같은 삼각형이 생각나네
나도 같이 해보자!
휴...
얼른 빈칸을 채워볼게

메모지에 적힌 8장 숫자 카드 중 6장과 6개의 연산 기호를 한 번씩 사용해서 각각의 식이 성립하도록 만드세요.

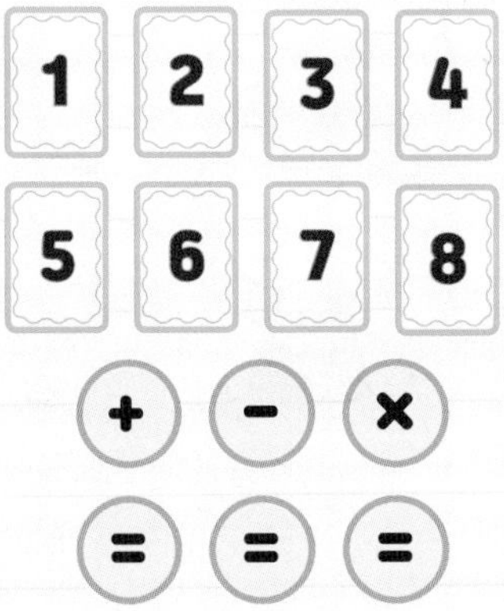
1 2 3 4
5 6 7 8
+ − ×
= = =

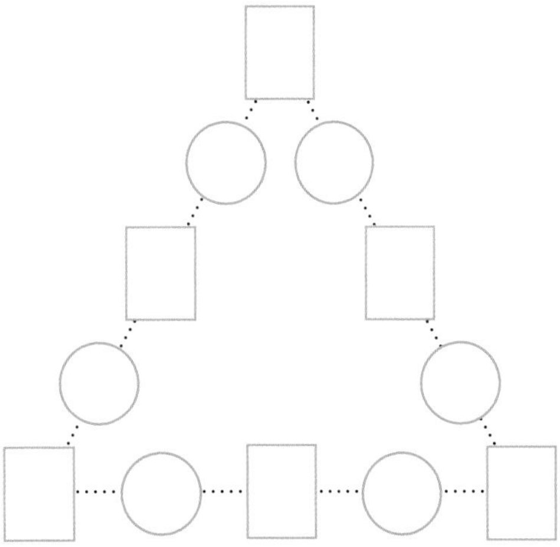

중국에서 다섯째 날 모든 문제 끝~!
시안으로 이동하는 무우와 친구들에게 어떤 일이 일어날까요?

□ 안에 숫자 0 ?

아래 네 개의 식에서 □ 안에 공통으로 들어가는 한 자리 수를 구하세요.

1 × □ = □

2 × □ = □

3 × □ = □

4 × □ = □

□ 안에 숫자는
0인가?

1 × □ = □에서 □ 안에 0부터 9까지 모든 숫자가 들어갈 수 있습니다.

2 × □ = □, 3 × □ = □, 4 × □ = □에서 □ 안에는 0 밖에 못 들어갑니다.

따라서 □ 안에 공통으로 들어가는 숫자는 0입니다.

6. 벌레 먹은 셈

시안에 도착한 무우와 친구들
두둥~
시안은 중국의 3000년을 알 수 있어!
3000년??
과거로 떠나보자
여기 엄청 긴 성벽이 있어
저기 자전거 대여소 있네! 타자
히잉…
타고 싶다…
바닥이 울퉁불퉁해서 힘드네…
헉
헉
조심해 제이야!
따릉
따릉
어? 여기 성벽에 뭐가 적혀있어! 봐봐
□5
+ 6□
97
갑자기 멈추면 어떡해…!
끼익

중국
China
시안
베이징
백두산
상하이
장자제
장시성
쿤밍
광저우

중국 여섯째 날 DAY 6

중국에서 여섯째 날, 무우와 친구들은 쿤밍에서 시안으로 이동했어요. 시안에서 〈성벽〉을 본 후, 〈병마용 박물관〉,〈한양릉〉, 〈화산〉을 여행할 예정이에요. 자, 그럼 먼저 〈성벽〉에 도착한 친구들과 함께 수학 문제를 풀어볼까요?

6 단원 살펴보기

1. 벌레 먹은 셈

성벽에 두 자리 수 덧셈이 적혀있습니다. □ 안에 들어갈 숫자를 적으세요.

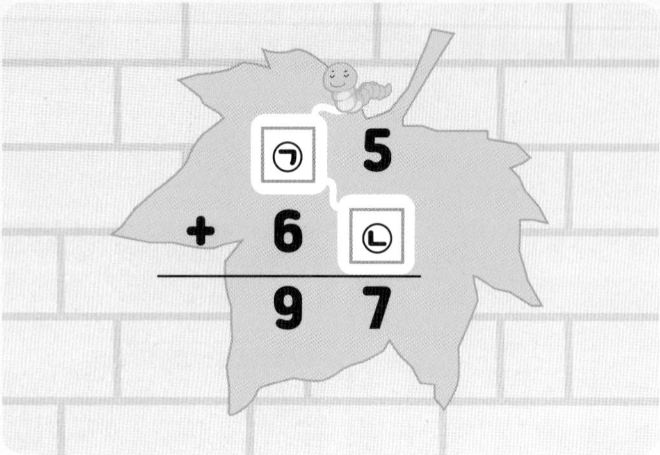

㉠:   ㉡:

벌레 먹은 셈이란?

계산식에 지워진 숫자를 찾는 문제입니다. 단, 맨 앞자리의 빈칸에는 0이 들어갈 수 없습니다.

〈벌레 먹은 덧셈과 뺄셈을 하는 방법〉

① 벌레 먹은 덧셈은 각 자리의 덧셈과 받아 올림을 생각하여 지워진 숫자를 찾습니다.

② 벌레 먹은 뺄셈은 덧셈으로 바꿔서 생각합니다.
예를 들어, 뺄셈식 8 − □ = 5를 덧셈식 □ + 5 = 8으로 바꿔서 생각합니다.

〈식〉과 같이 각 □안에 ㉠, ㉡을 적습니다. 먼저 〈식〉에서 일의 자리 ㉡안에 1부터 9까지 써넣어도 5 + ㉡ = 17이 되지 않습니다. 따라서 5 + ㉡ = 7이므로 ㉡ = 2입니다. ㉠ + 6 = 9가 되어야 하므로 ㉠ = 3입니다. 〈완성 식〉과 같이 ㉠ = 3, ㉡ = 2를 적어 식을 완성합니다.

〈식〉	〈완성 식〉
㉠ 5	3 5
+ 6 ㉡	+ 6 2
9 7	9 7

2. 복면산

제이야!
원 없이 자전거 탔지?
이제 성벽 안에
비림 박물관 가자
둥~
응…
지쳤어…
후우
박물관 안에서 비석에 적힌 모습을 본
우우와 친구들
중국을 대표하는
여러 서예가의 필체들이
있어! 저기 비석에 식이
새겨져 있네~?
비석에 왜?
식이?

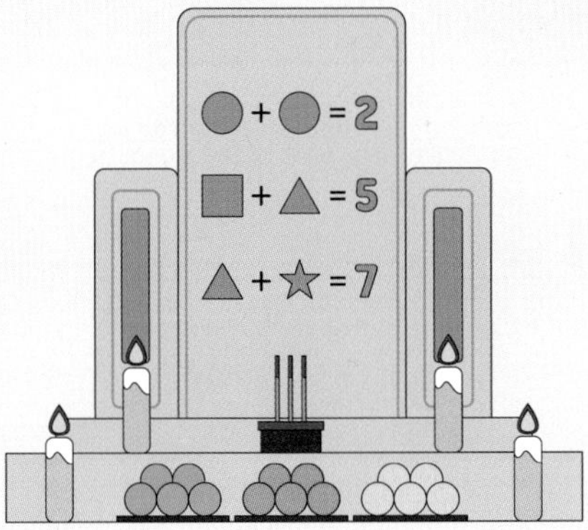

●+●=2
■+▲=5
▲+★=7

○, □, △, ☆는 1부터 4까지 서로 다른 숫자를 나타낼 때, 각 도형이 나타내는 숫자를 구하세요.

○:　　□:　　△:　　☆:

설명

복면산이란?

여러 가지 도형을 계산식으로 만든 것으로 각 도형이 나타내는 숫자를 알아내는 문제입니다.

〈복면산의 특징〉

① 같은 도형은 같은 숫자를, 다른 도형은 다른 숫자를 나타냅니다.
② 맨 앞자리의 도형은 0을 나타낼 수 없습니다.
③ 〈복면산〉에서 두 자리 수의 계산 결과인 ★은 반드시 1을 나타냅니다.

	○	△
+	●	△
★	▲	□

〈복면산〉

정답

○ + ○ = 2에서 1 + 1 = 2이므로 ○ = 1입니다.
□ + △ = 5에서 2 + 3 = 5이므로 (□, △)는 (2, 3)또는 (3, 2)입니다.
△ + ☆ = 7에서 △ = 3일 때, ☆ = 4가 되고, △ = 2일 때, ☆ = 5가 됩니다.
하지만 주어진 숫자는 1부터 4까지이므로 △ = 2가 아닙니다.
따라서 ○ = 1, □ = 2, △ = 3, ☆ = 4입니다.

1 단계 . 벌레 먹은 셈

병마용 박물관에 도착한 무우와 친구들
진시황릉에 병사들을 보러가자~!
그많은 병사들~?
병사들이 있다고?
우와
어? 저기 병사 좀 봐! 석판을 들고 있는데 식이 적혀있다. 한 번 풀어볼까?
벌레 먹은 뺄셈이네?
난 잘 모르겠어...

두 자리 수 뺄셈식이 있습니다. □ 안에 들어갈 숫자를 찾아 뺄셈식을 완성하세요.

$$\begin{array}{r} \square\ \square \\ -\ \square\ 6 \\ \hline 7\ 9 \end{array}$$

Step 1 주어진 뺄셈식을 덧셈식으로 바꿔 적으세요.

$\square\square - \square 6 = 79 \Rightarrow 79 + ____ = ____$

Step 2 가로 덧셈식을 세로 덧셈식으로 바꿔 적은 후, 각 □ 안에 들어갈 숫자를 찾으세요.

$79 + ____ = ____ \quad \Rightarrow \quad \begin{array}{r} \\ + \quad\quad \\ \hline \end{array}$

Step 3 **Step 2** 에서 완성한 덧셈식을 세로 뺄셈식으로 바꿔 적어 확인하세요.

$$\begin{array}{r} \square\ \square \\ -\ \square\ 6 \\ \hline 7\ 9 \end{array}$$

풀이

Step 1 □ □ - □ 6 = 79을 덧셈식으로 바꾸면 79 + □ 6 = □ □ 입니다.

Step 2 〈덧셈식〉와 같이 가로 덧셈식을 세로 덧셈식으로 바꿔 적은 후, 각 □ 안에 ㉠부터 ㉢까지 적습니다. 먼저 일의 자리에서 9 + 6 = 15으로 ㉢ = 5가 됩니다. 십의 자리에서 7 + ㉠ + 1 = ㉡ 이므로 ㉠은 1밖에 안됩니다. 따라서 7 + 1 + 1으로 ㉡ = 9입니다.

Step 3 Step 2 에서 찾은 ㉠, ㉡, ㉢를 각 빈칸에 채우면 정답과 같은 뺄셈식이 됩니다.

	7	9
+	㉠	6
	㉡	㉢

〈덧셈식〉

정답 :

	9	5
-	1	6
	7	9

확인하기 1

□ 안에 들어갈 숫자를 각각 찾아 덧셈식과 뺄셈식을 완성하세요.

		□	3
+		1	□
	□	□	4

	□	7
-		□
		9

확인하기 2

□ 안에 2, 3, 5, 9가 한 번씩 들어갈 때, 알맞은 식을 완성하세요.

	□	□
-	□	□
		6

2 단계 . 복면산

한양릉에 도착한 무우와 친구들
이곳에도 여러 볼거리가 있어
가자~!!
쌔앵
지하로 들어가면, 엄청난게 있어
기대된다!~
두근
두근
위잉
도용 앞에 서있는 무우와 친구들
어? 저기 흙으로 만든 동물과 사람이 있어~!
아까 본 병마용과 비슷한데 달라!
응?
유물 앞에서 멈춘 무우와 친구들
저기 여러 가지 도형이 있어!~ 다들 봐봐
흐음
○,□,△가 서로 다른 수를 나타내는 거 같은데? 뭘까?

○, □, △는 서로 다른 수를 나타낼 때, 각 도형이 나타내는 수를 구하세요.

		△	○
+		△	□
	□	○	△

Step 1 두 자리 덧셈식이므로 □는 반드시 하나의 숫자로 결정됩니다. □가 나타내는 숫자는 무엇일까요?

Step 2 ○, △이 나타내는 숫자를 각각 구하세요..

풀이

Step 1 2개의 두 자리 수 덧셈의 계산 결과 백의 자리는 반드시 1입니다. □는 1 입니다.

Step 2 〈식〉과 같이 □ = 1을 적습니다. △ + △이 두 자리 수가 되기 위해서는 5 부터 9 까지 수가 가능합니다. 이 중에 △ = 9일 때, 9 + 9 = 18 이므로 ○ = 8이 됩니다. 따라서 일의 자리 덧셈에서 ○ + 1 = 8 + 1 = 9이므로 △ = 9 입니다.
정답 : □ = 1, ○ = 8, △ = 9

		△	○
+		△	1
	1	○	△

〈식〉

확인하기 1

A, B, C는 서로 다른 숫자를 나타낼 때, 각 알파벳이 나타내는 수를 구하세요.

$$\begin{array}{rccc} & & A & B \\ + & & B & A \\ \hline & C & A & C \end{array}$$

확인하기 2

○, □, △는 서로 다른 한 자리 수를 나타낼 때, 각 도형이 나타내는 수를 구하세요.

○ + △ = 8

□ + □ + △ = 10

○ + △ + △ = 12

확인하기 3

○, △, □는 서로 다른 숫자를 나타냅니다. 뺄셈식을 덧셈식으로 바꿔 적은 후, 각 도형이 나타내는 수를 구하세요.

$$\begin{array}{rccc} & \square & \triangle & \bigcirc \\ - & & \bigcirc & \triangle \\ \hline & & \bigcirc & \bigcirc \end{array} \Rightarrow \begin{array}{rccc} & & & \\ + & & & \\ \hline & & & \end{array}$$

6 연습문제

01 A, B, C는 서로 다른 숫자를 나타낼 때, 각 알파벳이 나타내는 수를 구하세요.

$$\begin{array}{rrr} & A & B \\ + & & A \\ \hline B & C & C \end{array}$$

02 ○안에는 + 또는 − 가 들어가고 □ 안에는 숫자가 들어갈 때, 식을 완성하세요.

$$\begin{array}{rrr} & \square & 6 \\ \bigcirc & 7 & \square \\ \hline & 1 & 1 \end{array}$$

정답 및 풀이 P.27

03 ○, □, △는 서로 다른 한 자리 수를 나타낼 때, 각 도형이 나타내는 수를 구하세요.

$$\square + \triangle = 8$$

$$\triangle + \bigcirc = 11$$

$$\bigcirc + \bigcirc + \bigcirc = 18$$

04 두 덧셈식의 각 □ 안에 2, 3, 5, 6이 한 번씩 들어갈 때, 알맞은 식을 완성하세요.

$$\begin{array}{r} \square\ \square \\ \square \\ +\quad \square \\ \hline 7\ \ 0 \end{array} \qquad \begin{array}{r} \square\ \square \\ \square \\ +\quad \square \\ \hline 3\ \ 4 \end{array}$$

05 ○ 안에는 + 또는 −가 들어가고 □ 안에는 숫자가 들어갈 때, 두 식을 각각 완성하세요.

$$\begin{array}{ccc} & 7 & \square \\ \bigcirc & \square & 6 \\ \hline & 4 & 2 \end{array} \qquad \begin{array}{ccc} & \square & 2 \\ \bigcirc & 5 & 4 \\ \hline & 7 & \square \end{array}$$

06 ○, △, ■, ★은 1, 2, 3, 4 중 서로 다른 숫자를 나타냅니다. 각 도형이 나타내는 숫자를 구하세요.

★ + △ = ■

○ × ★ = ○

■ − ○ = ○

07 ○, □, △는 서로 다른 숫자를 나타낼 때, 각 도형이 나타내는 수를 구하세요.

		□	□
		△	△
+		△	○
	△	△	△

08 두 뺄셈식에서 ㉠, ㉡, ㉢은 1부터 9까지의 수 중 서로 다른 숫자를 나타냅니다. 두 식을 만족하는 순서쌍 (㉠, ㉡, ㉢)을 모두 구하세요.

	㉠	㉡
−		㉢
	7	5

	㉠	㉢
−		㉡
	6	5

09 □안에 들어갈 숫자를 찾아 만들 수 있는 식을 모두 적으세요. (단, A와 B가 수일 때, A + B와 B + A는 같은 것으로 봅니다.)

$$\begin{array}{r} \square\,\square \\ +\ \square\,\square \\ \hline 1\ 9\ 1 \end{array}$$

10 A, B, C는 서로 다른 숫자를 나타낼 때, 각 알파벳이 나타내는 숫자를 찾아 만들 수 있는 식은 모두 몇 개일까요?

$$\begin{array}{r} A\ B \\ +\ A\ B \\ \hline C\ A \\ -\ C\ B \\ \hline B \end{array}$$

정답 및 풀이 P.29

11 A, B, C는 서로 다른 숫자를 나타낼 때, 각 알파벳이 나타내는 수를 구하세요.

$$\begin{array}{r} A\ B \\ A\ B \\ +\quad B \\ \hline C\ A\ B \end{array}$$

12 ○, ■, △는 서로 다른 한 자리 수일 때, 각 도형이 나타내는 수를 구하세요.

△ × ○ = 8

△ + ○ × ■ = 10

△ × ■ + ○ = 14

6 심화문제

01 숫자 카드 1, 4, 5, 6, 8이 각각 한 장씩 있을 때, 뺄셈식이 성립하도록 빈칸에 알맞은 수를 써넣으세요.

$$\begin{array}{rccc} & 2 & \square & \square \\ - & & \square & \square \\ \hline & \square & 7 & 2 \end{array}$$

02 A, B, C, D는 4부터 8까지의 숫자 중 서로 다른 숫자입니다. 각 알파벳이 나타내는 숫자를 구하세요.

$$\begin{array}{rcc} & A & B \\ + & C & D \\ \hline 1 & 2 & 4 \end{array} \qquad \begin{array}{rcc} & A & B \\ + & D & C \\ \hline 1 & 4 & 2 \end{array}$$

정답 및 풀이 P.30

03 □ 안에 들어갈 숫자를 찾아 덧셈식과 뺄셈식을 각각 완성하세요.

$$\begin{array}{cccc} & \square & 5 & \square \\ + & 4 & \square & 8 \\ \hline & 9 & 2 & 7 \end{array} \qquad \begin{array}{cccc} & 3 & \square & 2 \\ - & \square & 4 & 9 \\ \hline & 1 & 5 & \square \end{array}$$

04 A, B, C는 서로 다른 숫자일 때, 각 알파벳이 나타내는 수를 구하세요.

$$\begin{array}{cccc} & & A & B \\ & & B & A \\ + & & B & A \\ \hline & C & A & 0 \end{array}$$

01 수박, 사과, 바나나, 포도는 서로 다른 한 자리 수일 때, 각 과일이 나타내는 수를 구하세요.

02
창의융합문제

화산 입구에 도착한 무우와 친구들
두 둥
저 멀리 보이는 산 정상에 올라갈거야
등산을 한다고? 싫어...
케이블카 타면 바로 올라갈 수 있어
좋아~! 얼른 타러 가자~!
등산도 하고 싶은데...
두근
두근
짜-잔
저기 봐~ 경치가 멋있어~!!
오우
산 절벽이 아찔한데?
부들
부들
조금 무섭다...
여기 기념 봉우리에서 사진찍자!! 어? 근데 돌 위에 뭐가 적혀 있는데?
AA BB +CC 1AB
오래된 부분이 사라져 있네. 식을 완성 해볼까?
그러게? 무슨 식이지?

숫자 A, B, C의 크기 순서가 A > B > C일 때, 각 알파벳이 나타내는 숫자를 찾아 만들 수 있는 식은 모두 몇 개일까요?

$$
\begin{array}{rrr}
 & A & A \\
 & B & B \\
+ & C & C \\
\hline
1 & A & B
\end{array}
$$

중국에서 여섯째 날 모든 문제 끝~!
친구들과 함께한 중국에서의 수학여행을 마친 소감은 어떤가요?

MEMO

영재들의 수학여행

Math Travel

무한상상

창의영재수학

아이앤아이

정답 및 풀이

입문 초등 1~3학년 A 수와 연산 중국편

무한상상

Imagine Infinite!

창의영재수학

아이앤아이

정답 및 풀이

입문 초등 1~3학년

A 수와 연산 중국편

1. 수와 숫자

대표문제 확인하기 1 .... P. 13

[정답] 풀이 과정 참조

[풀이 과정]

1) 바빌로니아 수에서 ∨는 1이고 <는 10입니다.
2) 〈정답 1, 2〉와 같이 35는 < 3개와 ∨ 5개를 놓고 48은 < 4개와 ∨ 8개를 놓으면 됩니다. 단, 35를 한글로 "삼십오"로 나타낸 후 바빌로니아 수로 바꾼 〈오답〉처럼 놓으면 안 됩니다.

〈정답 1〉

〈정답 2〉

〈오답〉

대표문제 확인하기 2 .... P. 13

[정답] 26

[풀이 과정]

1) 고대 그리스 수에서 ΠΙ 은 6이고 Δ 은 10입니다.
2) 따라서 ΔΔΠΙ = 10 + 10 + 6 = 26입니다.

대표문제 확인하기 3 .... P. 13

[정답] 차례대로 XI와 V

[풀이 과정]

1) 〈식〉과 같이 로마 수를 숫자로 바꿔 적은 다음 덧셈과 뺄셈을 한 다음 다시 로마 수로 바꿉니다.
2) 따라서 각 빈칸에 차례대로 XI와 V을 적습니다.

Ⅶ + Ⅳ = 7 + 4 = 11 = XI

Ⅷ − Ⅲ = 8 − 3 = 5 = V

〈식〉

대표문제 확인하기 1 .... P. 15

[정답] 짝수 = 8개, 홀수 = 7개

[풀이 과정]

1) 21보다 1 큰 수는 22이고, 37보다 1 작은 수는 36입니다. 따라서 알알이가 적은 수는 22부터 36까지입니다.
2) 알알이가 적은 수를 차례대로 적으면 22, 23, 24, 25, 26, 27, 28, 29, 30, 31, 32, 33, 34, 35, 36입니다.
3) 이 중 짝수는 22, 24, 26, 28, 30, 32, 34, 36으로 총 8개이고 홀수는 23, 25, 27, 29, 31, 33, 35으로 총 7개입니다.

대표문제 확인하기 2 .... P. 15

[정답] 13명

[풀이 과정]

1) 19명 중에 무우가 6등일 때, 무우보다 성적이 낮은 학생은 모두 13명입니다.

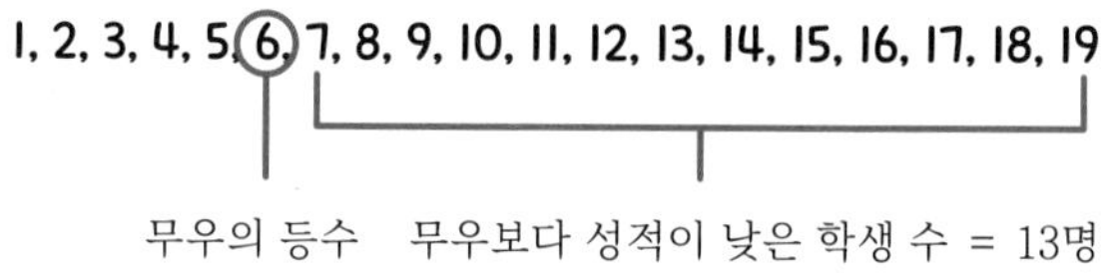

대표문제 확인하기 3 .... P. 15

[정답] 13

[풀이 과정]

1) 1부터 차례대로 수를 적습니다. 따라서 상상이가 적은 숫자의 개수가 17개가 될 때에는 13까지 적을 때입니다.

①, ②, ③, ④, ⑤, ⑥, ⑦, ⑧, ⑨, ⑩, ⑪, ⑫, ⑬ → 총 17개의 숫자

연습문제 01 ········· P. 16

[정답] 수의 개수 = 16개, 숫자의 개수 = 23개

[풀이 과정]

1) 달력에서 찾을 수 있는 수, 숫자를 모두 표시하면, 수의 개수는 총 16개이고 숫자의 개수는 총 23개입니다.

<수의 개수>

<숫자의 개수>

연습문제 02 ········· P. 16

[정답] 10번째

[풀이 과정]

1) 상상이가 표와 같이 22층부터 차례로 세면 무우의 집은 위에서부터 10번째입니다.

연습문제 03 ········· P. 17

[정답] 풀이 과정 참조

[풀이 과정]

1) 마야 수에서 ● 은 1을 나타내고 ―― 은 5를 나타냅니다. 마야 수에서 ●●● (아래에 ――) 은 3 + 5 = 8을 나타내고 ●●● 은 3을 나타냅니다.

2) 8 + 3 = 11이고 11 = 1 + 5 + 5이므로 ● (아래에 ══) 입니다. 따라서 정답과 같이 빈칸에 ● (아래에 ══) 을 그리면 됩니다.

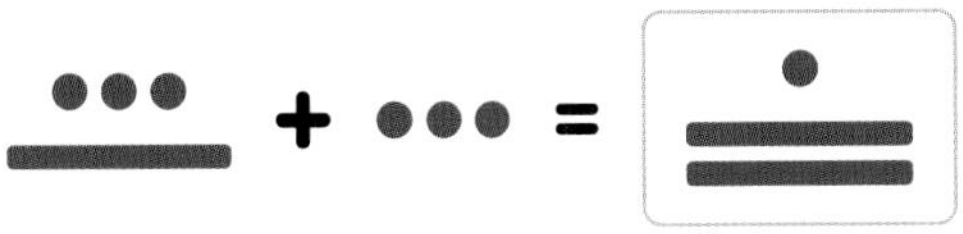

연습문제 04 ········· P. 17

[정답] "다다다", "가다우다"

[풀이 과정]

1) 9를 3 + 3 + 3으로 생각하면 "다다다" 로 말할 수 있습니다. 다른 방법으로 9 = 1 + 8으로 생각해 "가다우다" 또는 "다우다가"로 말할 수 있습니다.

2) 이외에도 9 = 2 + 7으로 생각하면 "우다가다" 또는 "다가다우"로 말할 수 있습니다. 또한, 9 = 4 + 5이므로 "다가다우" 또는 "다우다가"로 말할 수 있습니다. 이외에도 9를 세는 방법은 여러 가지가 있습니다.

연습문제 05 ········· P. 18

[정답] 풀이 과정 참조

[풀이 과정]

1) <그림>과 같이 각 칸이 나타내는 수는 차례대로 1, 2, 4입니다.

2) 따라서 <정답>과 같이 3개의 칸을 모두 색칠해 1 + 2 + 4 = 7을 나타냅니다.

<그림>

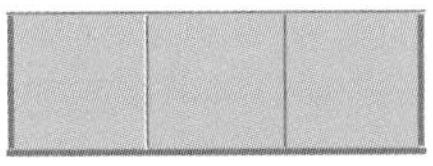

<정답>

1 정답 및 풀이

연습문제 06 ········· P. 18

[정답] 27개

[풀이 과정]

1) 503호부터 703호까지 호수를 모두 적습니다. 그 후 각 호수에 있는 숫자의 개수를 모두 세면 총 27개입니다.

2) 따라서 무우가 각 문에 적은 숫자는 모두 27개입니다.

⇒ 총 27개의 숫자

연습문제 07 ········· P. 19

[정답] 17개

[풀이 과정]

1) 1부터 25까지 적힌 구슬 중에 무우가 9부터 16까지 적힌 구슬 8개를 가져갔습니다. 주머니에 남은 구슬은 1부터 8까지와 17부터 25까지입니다.

2) 따라서 주머니에 남은 구슬의 개수는 모두 17개입니다.

연습문제 08 ········· P. 19

[정답] 차례대로 LXX V 와 XL IX

[풀이 과정]

1) 75 = 70 + 5이므로 로마 수로 바꾸면 LXX V입니다. 49 = 40 + 9이므로 로마 수로 바꾸면 XL IX입니다.

2) 따라서 각 빈칸에 차례대로 LXX V와 XL IX 을 적습니다.

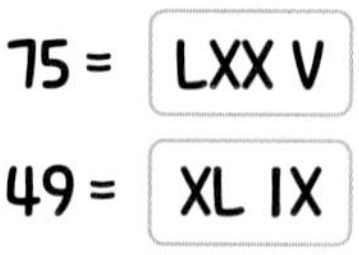

연습문제 09 ········· P. 20

[정답] 10번

[풀이 과정]

1) 88부터 107까지 번호를 적습니다. 숫자 0을 모두 표시하면 10개입니다.

2) 따라서 숫자 0을 모두 10번 누릅니다.

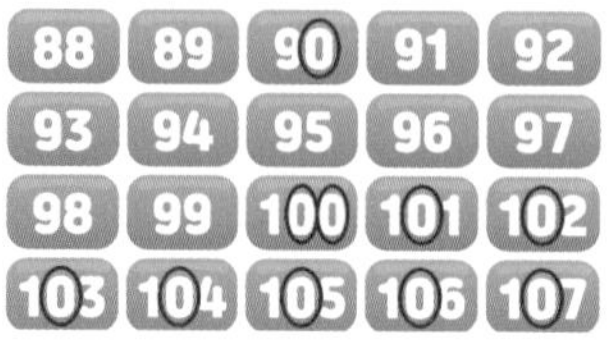

연습문제 10 ········· P. 20

[정답] 풀이 과정 참조

[풀이 과정]

1) 주어진 〈보기〉에서 ——— 한 개는 숫자 5를 나타냅니다. 15는 ——— 3개를 그리고, 19는 ——— 3개와 ● 4개를 그리면 됩니다.

2) 따라서 빈칸에 15와 19를 마야 수로 나타낼 수 있습니다.

연습문제 11 ········· P. 21

[정답] 차례대로 48, 86

[풀이 과정]

1) 〈그림〉과 같이 주판의 구슬이 나타내는 수입니다.

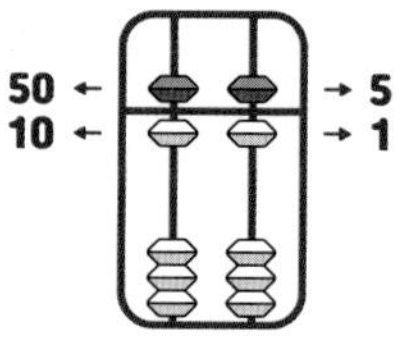

〈그림〉

2) 〈정답 1〉은 10 + 10 + 10 + 10 + 5 + 1 + 1 + 1 = 48이고 〈정답 2〉은 50 + 10 + 10 + 10 + 5 + 1 = 86입니다.

3) 따라서 주판의 구슬이 나타내는 수는 각각 48과 86입니다.

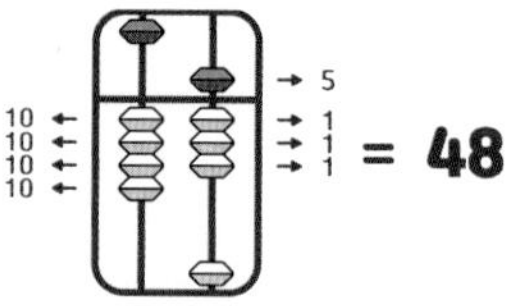

〈정답 1〉

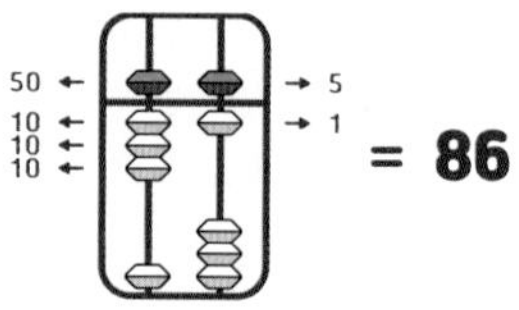

〈정답 2〉

연습문제 **12** .... P. 21

[정답] 21

[풀이 과정]

1) 5부터 차례대로 적은 수들의 숫자 개수를 셉니다.

2) 5부터 21까지 수들을 적으면 숫자의 개수가 모두 29개입니다. 따라서 알알이는 21까지 적었습니다.

심화문제 **01** .... P. 22

[정답] 풀이 과정 참조

[풀이 과정]

1) 고대 중국 수에서 0을 빈칸으로 나타냅니다. 따라서 <정답>과 같이 493과 250을 고대 중국 수로 나타낼 수 있습니다.

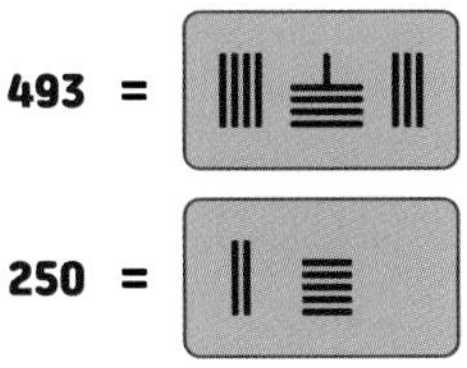

<정답>

심화문제 **02** .... P. 23

[정답] 26장

[풀이 과정]

1) 무우가 만드는 수는 31보다 크고 58보다 작은 수이므로 32부터 57까지입니다. 숫자 카드와 같이 32부터 57까지 중에 짝수를 나타냅니다.

2) 따라서 무우에게 필요한 숫자 카드의 개수는 모두 26장입니다.

심화문제 **03** .... P. 24

[정답] 풀이 과정 참조

[풀이 과정]

1) 밧줄에 해당하는 곳에 ✕ 표시합니다. 단, 숫자 0인 곳은 ✕ 표시하지 않습니다.

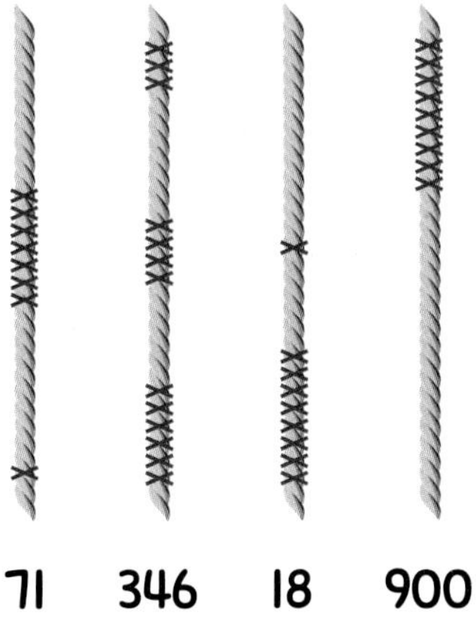

<정답>

심화문제 **04** .... P. 25

[정답] 상상이

[풀이 과정]

1) 먼저 1부터 60까지 숫자 9가 들어간 수를 찾습니다. 9, 19, 29, 39, 49, 59으로 모두 6개입니다. 따라서 무우는 손뼉을 총 6번 칩니다.

2) 숫자 3이 들어간 수는 3, 13, 23, 30, 31, 32, 33, 34, 35, 36, 37, 38, 39, 43, 53으로 모두 15개입니다.

33인 경우 상상이는 손뼉을 2번 칩니다. 따라서 상상이는 손뼉을 총 16번 칩니다.

3) 숫자 6이 들어간 수는 6, 16, 26, 36, 46, 56, 60으로 모두 7개입니다. 따라서 알알이는 손뼉을 총 7번 칩니다.

4) 따라서 가장 많이 손뼉을 친 사람은 상상이입니다.

2 정답 및 풀이

창의적문제해결수학 **01** ········· P. 26

[정답] 차례대로 612, 741

[풀이 과정]

1) <정답 1>과 같이 바구니에 담긴 점토는 총 4개입니다. 4개 점토가 나타내는 수는 600 + 10 + 1 + 1 = 612입니다.
2) <정답 2>와 같이 바구니에 담긴 점토는 총 6개입니다. 6개 점토가 나타내는 수는 600 + 60 + 60 + 10 + 10 + 1 = 600 + 120 + 20 + 1 = 741입니다.

<정답 1>

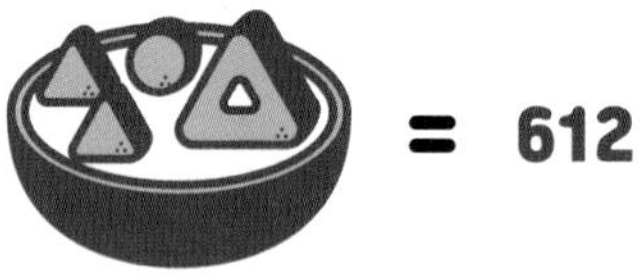

<정답 2>

창의적문제해결수학 **02** ········· P. 27

[정답] 28개

[풀이 과정]

1) 9부터 22까지 표와 같이 한자로 나타냅니다. 한자의 개수를 모두 더하면 1 + 1 + 2 + 2 + 2 + 2 + 2 + 2 + 2 + 2 + 2 + 2 + 3 + 3 = 2 + 20 + 6 = 28입니다.
2) 따라서 총 한자의 개수는 28개입니다.

수	9	10	11	12	13	14	15
한자	九	十	十一	十二	十三	十四	十五
한자의 개수	1개	1개	2개	2개	2개	2개	2개

수	16	17	18	19	20	21	22
한자	十六	十七	十八	十九	二十	二十一	二十二
한자의 개수	2개	2개	2개	2개	2개	3개	3개

2. 조건에 맞는 수

대표문제 확인하기 1 ········· P. 33

[정답] 6개

[풀이 과정]

1) 40보다 크고 60보다 작기 위해서는 십의 자리에 4와 5를 놓아야 합니다.
2) 따라서 그림과 같이 42, 45, 47, 52, 54, 57으로 6개의 두 자리 수를 만들 수 있습니다.

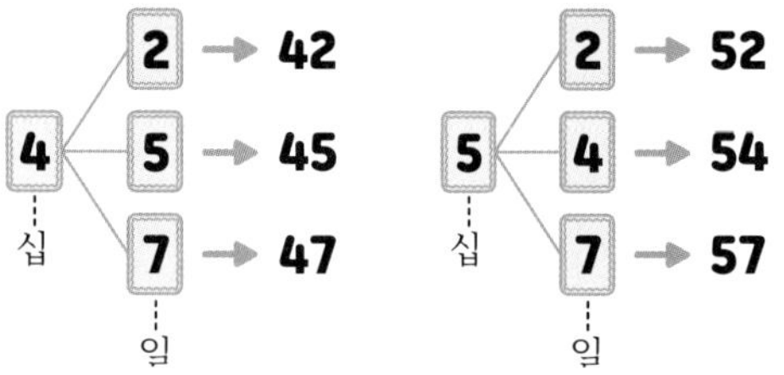

대표문제 확인하기 2 ········· P. 33

[정답] 2개

[풀이 과정]

1) 조건 Ⅰ에 따라 두 수의 합이 5가 되는 경우는 (0, 5), (1, 4), (2, 3)입니다. 따라서 두 자리 수는 50, 14, 41, 23, 32입니다.
2) 위에서 찾은 두 자리 수 중에 조건 Ⅱ를 만족하는 홀수는 41, 23입니다. 따라서 조건을 만족하는 수는 2개입니다.

대표문제 확인하기 3 ········· P. 33

[정답] 54

[풀이 과정]

1) 조건 Ⅰ에 따라 두 수의 합이 9가 되는 경우는 (0, 9), (1, 8), (2, 7), (3, 6),(4, 5)입니다. 따라서 두 자리 수는 90, 18, 81, 27, 72, 36, 63, 45, 54입니다.
2) 위에서 찾은 두 자리 수 중에 조건 Ⅲ을 만족하는 수는 36, 45, 54입니다. 이 중에서 조건 Ⅱ를 만족하는 수는 54 밖에 없습니다.
3) 따라서 세 가지 조건을 모두 만족하는 수는 54입니다.

대표문제 확인하기 1 .... P. 35

[정답] 308, 380, 803, 830

[풀이 과정]

1) 그림과 같이 백의 자리에는 0이 올 수 없으므로 3과 8을 놓습니다. 먼저 놓은 숫자를 제외한 나머지 숫자를 놓습니다.

2) 따라서 308, 380, 803, 830으로 4개의 세 자리 수를 만들 수 있습니다.

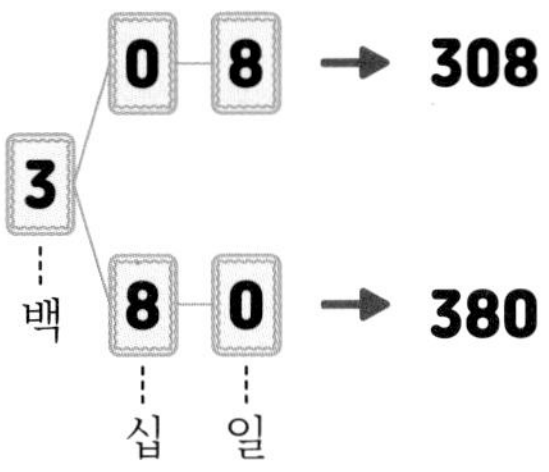

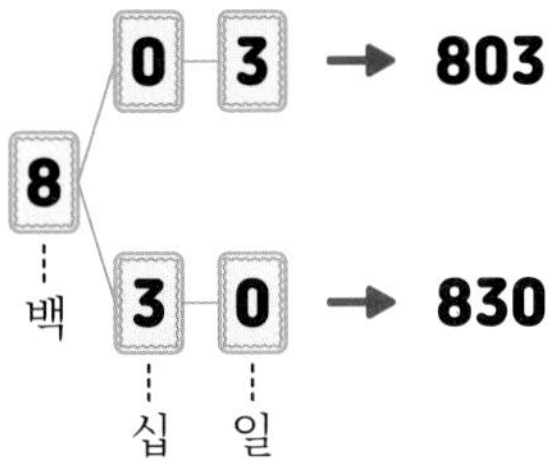

대표문제 확인하기 2 .... P. 35

[정답] 75

[풀이 과정]

1) 숫자 카드 중에 가장 큰 숫자는 8입니다. 아래와 같이 두 자리 수의 십의 자리에 8을 놓아 가장 큰 수부터 차례대로 적습니다.

87 - 85 - 81 - 78 - 75

↑ 가장 큰 수

2) 따라서 다섯 번째로 큰 수는 75입니다.

대표문제 확인하기 3 .... P. 35

[정답] 40

[풀이 과정]

1) 숫자 카드 중에 가장 작은 숫자는 0입니다. 하지만 두 자리 수의 십의 자리에 0을 놓을 수 없습니다. 아래와 같이 두 자리 수의 십의 자리에 2를 놓아 가장 작은 수부터 차례대로 적습니다.

20 - 24 - 27 - 40

↑ 가장 작은 수

2) 따라서 네 번째로 작은 수는 40입니다.

연습문제 01 .... P. 36

[정답] 4개

[풀이 과정]

1) 30보다 크고 55보다 작기 위해서는 십의 자리에 3과 5를 놓아야 합니다.

2) 따라서 그림과 같이 35, 37, 50, 53으로 4개의 두 자리 수를 만들 수 있습니다.

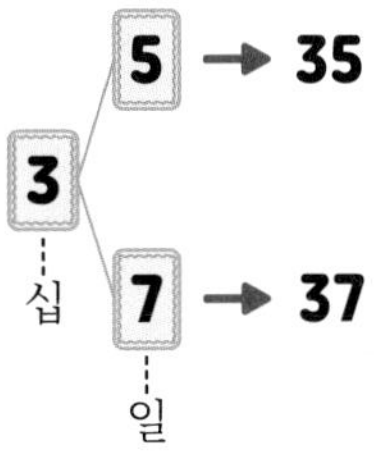

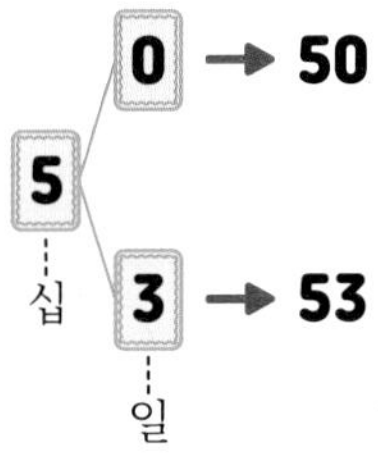

연습문제 02 .... P. 36

[정답] 91

[풀이 과정]

1) 조건 Ⅰ에 따라 두 수의 합이 10인 경우는 (1, 9), (2, 8), (3, 7), (4, 6), (5, 5)입니다. 두 자리 수는 19 ,91, 28, 82, 37, 73, 46, 64, 55입니다. 이 중에 무우가 가진 구슬의 적힌 두 자리 수는 28, 46, 37, 91, 55입니다.

2) 위에서 찾은 두 자리 수 중에 조건 Ⅱ을 만족하는 수는 91밖에 없습니다.

3) 따라서 두 가지 조건을 모두 만족하는 구슬의 번호는 91입니다.

연습문제 03 .... P. 37

[정답] 두 번째로 작은 수 = 67, 세 번째로 큰 수 = 90

[풀이 과정]

1) 숫자 카드 중에 가장 큰 수는 9입니다. 아래와 같이 두 자리 수의 십의 자리에 9을 놓아 가장 큰 수부터 차례대로 적습니다. 따라서 세 번째로 큰 수는 90입니다.

2) 숫자 카드 중에 가장 작은 수는 0입니다. 하지만 두 자리 수의 십의 자리에 0을 놓을 수 없습니다. 아래와 같이 두 자리 수의 십의 자리에 6을 놓아 가장 작은 수부터 차례대로 적습니다. 따라서 두 번째로 작은 수는 67입니다.

97 - 96 - 90

↑ 가장 큰 수

60 - 67

↑ 가장 작은 수

2 정답 및 풀이

연습문제 **04** P. 37

[정답] 53

[풀이 과정]

1) 먼저 조건 Ⅱ을 만족하는 홀수는 51, 53, 55, 57, 59입니다.
2) 위에서 찾은 홀수 중에서 조건 Ⅰ을 만족하는 수는 53 밖에 없습니다.

연습문제 **05** P. 38

[정답] 7개

[풀이 과정]

1) 그림과 같이 4장 중 2장만 골라 만들 수 있는 두 자리 수는 22, 24, 28, 42, 48, 82, 84으로 총 7개입니다.

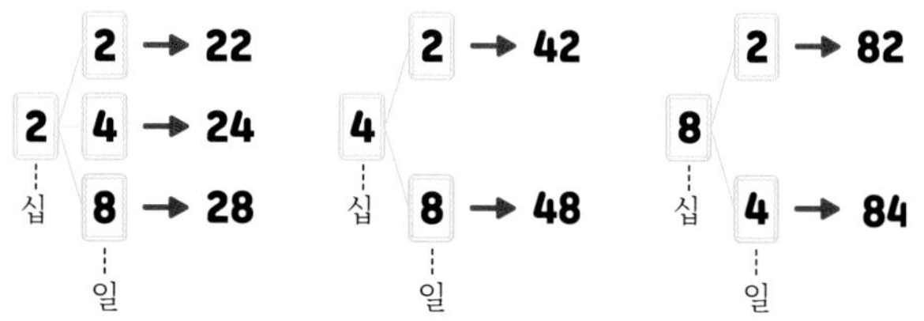

연습문제 **06** P. 38

[정답] 풀이 과정 참조

[풀이 과정]

1) 먼저 가로 ㉠의 조건은 20보다 큰 수 중에서 가장 작은 두 자리 수입니다. 따라서 가로 ㉠에 들어가는 수는 21입니다.
2) 가로 ㉠과 연결된 세로 ㉠과 세로 ㉡의 조건에 따라 수를 찾습니다.

   세로 ㉠의 조건에 따라 십의 자리 숫자가 2이므로 일의 자리에는 8이 들어갑니다.

   세로 ㉡의 조건에 따라 일의 자리 숫자가 1이므로 십의 자리에는 3이 들어갑니다.
3) 마지막으로 가로 ㉢의 조건에 따라 일의 자리 숫자가 8이므로 십의 자리에는 4가 들어갑니다.
4) 따라서 정답과 같이 각 칸의 숫자를 적을 수 있습니다.

〈정답〉

연습문제 **07** P. 39

[정답] 251

[풀이 과정]

1) 무우가 말한 내용으로 두 수의 합이 3인 경우는 (0, 3), (1, 2)이므로 표와 같이 백의 자리와 일의 자리에 각각 숫자를 놓을 수 있습니다.
2) 알알이가 말한 내용에서 두 수를 곱하여 10이 되는 경우는 2와 5 밖에 없습니다. 따라서 표에서 백의 자리 숫자가 2일 때, 십의 자리에 5를 놓을 수 있습니다.
3) 무우와 알알이가 말한 내용으로 세 자리 수는 251이 되고 상상이가 말한대로 홀수도 맞습니다. 따라서 제이가 찾을 수 있는 세 자리 수는 251입니다.

백의 자리	십의 자리	일의 자리
3		0
1		2
2	5	1

연습문제 **08** P. 39

[정답] 1월 24일, 1월 26일, 1월 28일

[풀이 과정]

1) 1월 달력이므로 백의 자리는 반드시 1입니다. 각 자리 숫자가 왼쪽에서 오른쪽으로 갈수록 커져야 하므로 십의 자리에는 백의 자리 숫자보다 큰 2 또는 3이 올 수 있습니다.
2) 만약 십의 자리가 3이라면 일의 자리에는 3보다 큰 수가 와야 합니다. 하지만 1월 달력에는 31일까지 있으므로 십의 자리에는 2만 올 수 있습니다.
3) 세 자리 짝수이므로 일의 자리에는 십의 자리인 2보다 큰 짝수 4, 6, 8을 놓습니다.
4) 따라서 세 자리 수로 적으면 124, 126, 128이고 날짜로 적으면 1월 24일, 1월 26일, 1월 28일 입니다.

연습문제 **09** P. 40

[정답] 9개

[풀이 과정]

1) 40보다 크고 70보다 작기 위해서는 십의 자리에 4, 5, 6을 놓고 짝수가 되기 위해 일의 자리에 짝수를 놓아야 합니다.

2) 따라서 그림과 같이 42, 46, 50, 52, 54, 56, 60, 62, 64으로 9개의 두 자리 짝수를 만들 수 있습니다.

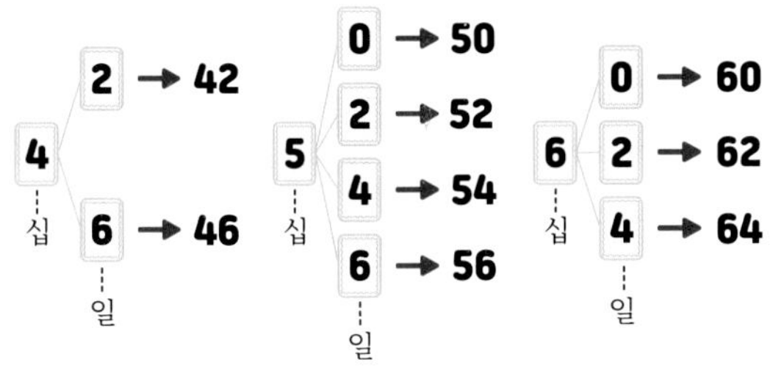

연습문제 **10** P. 40

[정답] 65

[풀이 과정]

1) 아래와 같이 가장 큰 수를 제외한 나머지 두 번째로 큰 수와 세 번째로 큰 수를 적습니다.

   만약 나머지 한 장의 숫자 카드가 7이면 두 번째로 큰수가 74가 됩니다. 따라서 나머지 한 장의 숫자 카드는 6보다 큰 수가 될 수 없습니다.

2) 숫자 카드 중에 가장 큰 숫자가 6이 되므로 나머지 한 장의 카드는 6보다 작은 숫자입니다. 두 번째로 큰 수가 64이므로 나머지 한 장의 카드는 4보다 큰 숫자입니다.

3) 따라서 뒤집혀 있는 숫자 카드는 5이므로 가장 큰 두 자리 수는 65입니다.

연습문제 **11** P. 41

[정답] 10개

[풀이 과정]

1) 55보다 큰 수이므로 그림과 같이 십의 자리 숫자가 6, 7, 9을 색칠합니다. 십의 자리 숫자가 6, 7, 9일 때 가로, 세로, 대각선 방향으로 가능한 수를 표시합니다. 74는 겹치므로 한 번만 셉니다.

2) 따라서 55보다 큰 수는 60, 62, 63, 65, 73, 74, 75, 91, 94, 96으로 총 10개입니다.

연습문제 **12** P. 41

[정답] 6개

[풀이 과정]

1) 1부터 6까지 숫자 중에서 두 수의 차가 3인 경우는 (4, 1), (5, 2), (6, 3)이 있습니다.

2) 따라서 주사위로 만들 수 있는 두 자리 수는 41, 14, 52, 25, 63, 36으로 총 6개입니다.

심화문제 **01** P. 42

[정답] 12월 4일, 12월 13일, 12월 22일, 12월 31일

[풀이 과정]

1) 먼저 12월이므로 천의 자리 숫자와 백의 자리 숫자의 합이 1 + 2 = 3이 됩니다. 나머지 십의 자리와 일의 자리 숫자의 합이 7 - 3 = 4가 되어야 합니다.

2) 두 수의 합이 4인 경우는 (0, 4), (1, 3), (2, 2)이므로 만족하는 네 자리 수는 1204, 1213, 1222, 1231입니다.

3) 따라서 위에서 찾은 네 자리 수를 날짜로 적으면 12월 4일, 12월 13일, 12월 22일, 12월 31일입니다.

심화문제 **02** .... P. 43

[정답] 5가지

[풀이 과정]

1) 조건 Ⅰ과 조건 Ⅱ을 모두 만족하는 두 자리 수이므로 숫자 6보다 큰 수를 뽑을 수 없습니다.

2) 1부터 6까지 중 어떤 4장의 숫자 카드를 뽑아야 조건 Ⅲ을 만족하는지 생각합니다.

   만약 (6, 5, 4, 3) 숫자 카드를 뽑으면 조건 Ⅰ, Ⅱ을 만족하는 두 자리 수는 65, 64, 63, 54, 53, 43으로 총 6개입니다.

3) 위와 같이 (6, 5, 4, 2)과 (6, 5, 4, 1)과 (6, 5, 3, 2)와 (6, 4, 3, 2)를 각각 뽑으면 조건 Ⅰ, Ⅱ을 만족하는 두 자리 수가 6개가 됩니다.

4) 따라서 (5, 4, 3, 2)를 뽑는 것을 제외한 나머지 (6, 5, 4, 3)과 (6, 5, 4, 2)과 (6, 5, 4, 1)과 (6, 5, 3, 2)와 (6, 4, 3, 2)으로 총 5가지가 있습니다.

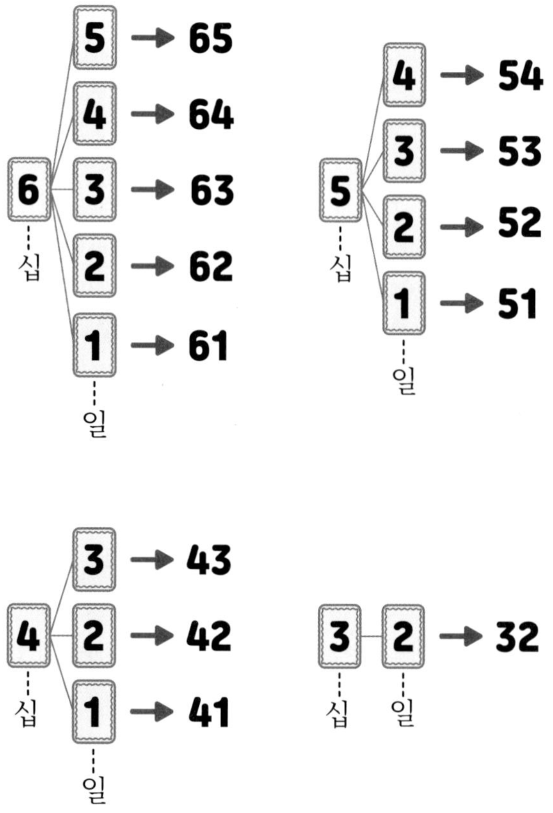

▲ 1부터 6까지 숫자 카드 중 조건 Ⅲ을 만족하는 두 자리 수를 만드는 방법

심화문제 **03** .... P. 44

[정답] 11개

[풀이 과정]

1) 세 자리 짝수가 되기 위해서는 일의 자리 숫자에는 0, 2, 4를 적어야 합니다.

 ⅰ. 일의 자리 숫자에 0을 적는 경우

   각 자리 숫자의 합이 6이 되려면 백의 자리와 십의 자리 숫자의 합이 6이어야 합니다. 두 수의 합이 6인 경우는 (1, 5), (2, 4), (3, 3)입니다.

   따라서 가능한 세 자리 수는 150, 510, 240, 420, 330이 있습니다.

 ⅱ. 일의 자리 숫자에 2를 적는 경우

   백의 자리 숫자와 십의 자리 숫자를 합하면 6 - 2 = 4 이어야 합니다.

   두 수의 합이 4인 경우는 (1, 3), (2, 2), (0, 4)입니다.

   따라서 가능한 세 자리 수는 132, 312, 222, 402가 있습니다.

 ⅲ. 일의 자리 숫자에 4를 적는 경우

   백의 자리 숫자와 십의 자리 숫자를 합하면 6 - 4 = 2 가 되어야 합니다.

   두 수의 합이 2 인 경우 (1, 1), (0, 2)입니다.

   따라서 가능한 세 자리 수는 114, 204가 있습니다.

2) 위에서 찾은 세 자리 수 150, 510, 240, 420, 330, 132, 312, 222, 402, 114, 204입니다. 따라서 각 자리 숫자의 합이 6인 짝수는 모두 11개입니다.

심화문제 **04** .... P. 45

[정답] (0 과 6), (3 과 8), (7 과 9)

[풀이 과정]

1) 자신의 뒷면에 적힌 숫자를 함께 적을 수 없습니다. 두 번째로 큰 수가 96이고 가장 큰 수는 98입니다. 따라서 97이 두 번째로 큰 수가 될 수 없으므로 9와 7은 서로 앞 뒤에 적혀있습니다.

2) 두 번째로 작은 수가 36을 만들려면 3과 6은 서로 다른 카드입니다. 따라서 숫자 카드 3 뒤에는 8이 적혀있고 나머지 숫자 카드 0 뒤에는 6이 적혀있습니다.

3) 따라서 앞면에 적힌 0, 3, 7은 각각 뒷면에 6, 8, 9가 적혀 있습니다.

창의적문제해결수학 **01** .... P. 46

[정답] 683

[풀이 과정]

1) 그림에서 기호 ⊙ 은 그 자리에 적힌 숫자가 맞으므로 무우가 생각하는 일의 자리 숫자는 3입니다.

알알 : 791 ⇒ ▼▼▲
상상 : 554 ⇒ ▲▲▼
제이 : 873 ⇒ ▼▲⊙

알알이와 제이가 말한 십의 자리 숫자를 보면 7보다 크고 9보다 작으므로 이에 해당하는 숫자는 8입니다.

알알이와 상상이가 말한 백의 자리 숫자를 보면 5보다 크고 7보다 작으므로 이에 해당하는 숫자는 6입니다.

2) 따라서 무우가 생각한 세 자리 수는 683입니다.

창의적문제해결수학 **02** .... P. 47

[정답] 6가지

[풀이 과정]

1) 세 번째 줄에는 홀수인 5와 7를 눌러야 합니다.

ⅰ. 세 번째 줄에 5를 눌렀을 경우

첫 번째 줄과 두 번째 줄에 누른 숫자의 합이 12 - 5 = 7 되어야 합니다.

자물쇠에 적힌 숫자 중에 두 숫자를 합하여 7가 되는 경우는 (2, 5)와 (0, 7) 밖에 없습니다.

따라서 첫 번째 줄부터 차례대로 숫자를 누른다면 255, 525, 075, 705이 있습니다.

ⅱ. 세 번째 줄에 7을 눌렀을 경우

첫 번째 줄과 두 번째 줄에 누른 숫자의 합이 12 - 7 = 5가 되어야 합니다.

자물쇠에 적힌 숫자 중에 두 숫자를 합하여 5가 되는 경우는 (5, 0) 밖에 없습니다.

따라서 첫 번째 줄부터 차례대로 숫자를 누르면 507, 057이 있습니다.

2) 자물쇠를 여는 방법은 255, 525, 075, 705, 507, 057으로 총 6가지입니다.

3. 수의 크기 비교

대표문제 확인하기 1 .... P. 53

[정답] 풀이 과정 참조

[풀이 과정]

1) 먼저 부등호 방향을 봤을 때, 빨간색 원에는 가장 큰 숫자인 7이 들어가고 반대로 파란색 원에는 가장 작은 숫자인 4가 들어갑니다.

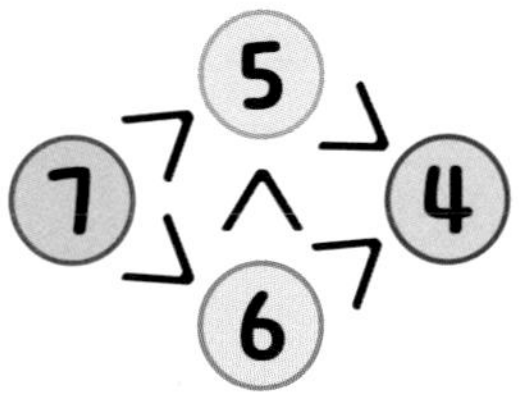

2) 숫자 6은 5보다 크고 7보다 작으므로 초록색 원에 써넣습니다. 숫자 5는 4보다 크고 6보다 작으므로 분홍색 원에 써넣습니다.

3) 정답과 같이 부등호 방향에 맞게 원 안에 4부터 7까지 써넣습니다.

대표문제 확인하기 2 .... P. 53

[정답] 335, 249, 242, 235

[풀이 과정]

1) 백의 자리 숫자가 3인 335가 가장 큰 수입니다. 그 다음 249, 242, 235를 표와 같이 각 자리 수의 숫자를 비교합니다.

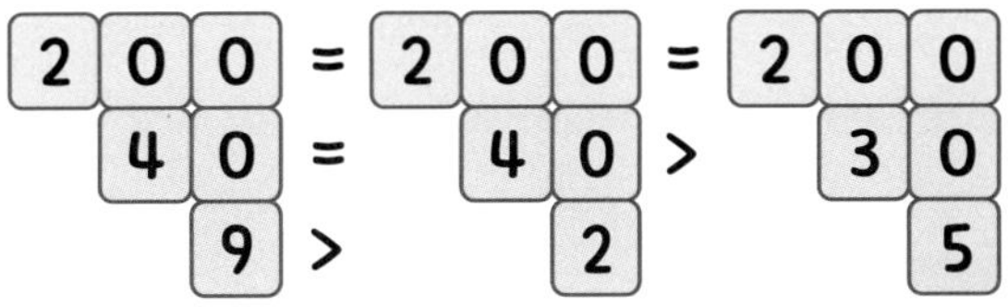

2) 따라서 가장 큰 수부터 차례대로 적으면 335, 249, 242, 235입니다.

대표문제 확인하기 3 .... P. 53

[정답] ㉡, ㉠, ㉢

[풀이 과정]

1) 먼저 ㉠에서 100이 4개이므로 400이고, 10이 13개이므로 130이고, 1이 6개이므로 6입니다. 400 + 130 + 6으로 ㉠은 536입니다.

   ㉡에서 백의 자리 숫자가 5인 세 자리 수 중에서 가장 큰 수이므로 ㉡은 599입니다.

   ㉢에서 오백이십구를 수로 나타내면 529입니다. 529보다 1 크므로 ㉢은 530입니다.

2) 536, 599, 530 중에 가장 큰 수는 599입니다.

   536과 530은 백의 자리와 십의 자리 숫자가 같으므로 일의 자리 숫자를 비교합니다. 일의 자리 숫자가 6 > 0이므로 536이 530보다 큽니다.

3) 따라서 가장 큰 수부터 차례대로 적으면 599, 536, 530으로 ㉡, ㉠, ㉢입니다.

대표문제 확인하기 1 .... P. 55

[정답] 0, 1, 2, 3, 4, 5

[풀이 과정]

1) 7□ < 76에서 십의 자리 숫자는 서로 같으므로 일의 자리 숫자를 비교하면 □ < 6입니다.

2) 따라서 □에는 6보다 작은 숫자인 0부터 5까지 들어갈 수 있습니다.

대표문제 확인하기 2 .... P. 55

[정답] 9, 10, 11

[풀이 과정]

1) 8 < □ < 12에서 8보다 큰 수는 9, 10, 11, 12, 13 … 이 있고 12보다 작은 수는 11, 10, 9, 8, 7, 6 … 이 있습니다. □에는 두 조건을 만족하는 수가 들어가야 합니다.

2) 따라서 □ 안에 들어갈 수 있는 수는 9, 10, 11입니다.

대표문제 확인하기 3 .... P. 55

[정답] ㉠ = 1, ㉡ = 9

[풀이 과정]

1) ㉠21 < 218에서 ㉠에 2가 들어간다면 221 > 218이 되므로 부등호 방향이 반대입니다. 따라서 세 자리 수이므로 ㉠에는 1이 들어갑니다.

2) 218 < 21㉡에서 백의 자리 숫자와 십의 자리 숫자가 같으므로 일의 자리 숫자를 비교합니다. 따라서 8 < ㉡이므로 ㉡에 들어갈 숫자는 9입니다.

3) 따라서 ㉠ = 1, ㉡ = 9입니다.

연습문제 01 .... P. 56

[정답] 25, 28

[풀이 과정]

1) 23보다 크고 30보다 작은 수이므로 십의 자리는 2이고 일의 자리는 3보다 커야 합니다.

2) 따라서 ○표시할 수는 25, 28입니다.

연습문제 02 .... P. 56

[정답] ▲ = 0, 1, □ = 7, 8, 9

[풀이 과정]

1) 먼저 3▲8 < 324에서 만약 ▲에 2가 들어가면 328 > 324이므로 부등호 방향이 반대입니다. 따라서 3▲8 < 324이 되기 위해서 ▲에는 2 보다 작은 0, 1이 들어갈 수 있습니다.

2) 762 < 7□1에서 만약 □에 6이 들어가면 762 > 761이므로 부등호 방향이 반대입니다. 따라서 762 < 7□1이 되기 위해서 □에는 6보다 큰 7, 8, 9가 들어갈 수 있습니다.

3) 따라서 ▲에는 0, 1이 들어갈 수 있고 □에는 7, 8, 9가 들어갈 수 있습니다.

연습문제 03 .... P. 57

[정답] ㉡, ㉠, ㉢

[풀이 과정]

1) ▲은 0을 제외한 짝수이므로 2, 4, 6, 8 중 하나입니다.

   ▲이 짝수 중 가장 큰 숫자인 8일 때, 가장 큰 수는 항상 928입니다.

   반대로 ▲이 짝수 중 가장 작은 숫자인 2일 때, 가장 작은 수는 항상 25입니다.

   위와 같이 ▲이 4, 6일 때, 가장 큰 수는 항상 92▲이고 가장 작은 수는 ▲5입니다.

2) 따라서 가장 큰 수부터 차례대로 기호를 적으면 ㉡, ㉠, ㉢입니다.

연습문제 04 ······ P. 57

[정답] ㉢, ㉤, ㉡, ㉣, ㉠

[풀이 과정]

1) ㉠ : 10이 70개이므로 700, 1이 16개이므로 16입니다.
   ㉠ = 716입니다.
   ㉡ : 721보다 13 큰 수이므로 ㉡ = 721 + 13 = 734입니다.
   ㉢ : 658보다 100 큰 수이므로 ㉢ = 658 + 100 = 758입니다.
   ㉣ : 100이 6개이므로 600, 10이 13개이므로 130입니다. ㉣ = 600 + 130 = 730입니다.
   ㉤ : 850보다 100 작은 수이므로 ㉤ = 850 - 100 = 750입니다.
2) ㉠ = 716, ㉡ = 734, ㉢ = 758, ㉣ = 730, ㉤ = 750입니다.
   표와 같이 백의 자리 숫자가 모두 같으므로 십의 자리를 서로 비교합니다.
3) 따라서 가장 큰 수부터 차례대로 적으면 ㉢ = 758, ㉤ = 750, ㉡ = 734, ㉣ = 730, ㉠ = 716입니다.

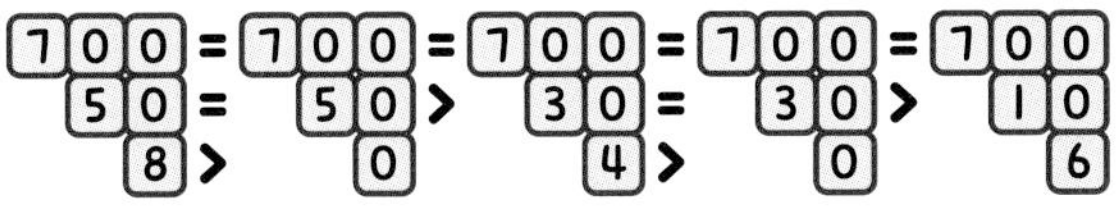

㉢ ㉤ ㉡ ㉣ ㉠

연습문제 05 ······ P. 58

[정답] 2, 3, 4, 5, 6

[풀이 과정]

1) 먼저 3㉠4 < 372에서 만약 ㉠에 7이 들어가면 374 > 372이므로 부등호 방향이 반대입니다. 따라서 3㉠4 < 372이 되기 위해서 ㉠에는 7보다 작은 0부터 6까지 들어갈 수 있습니다.
2) 228 < ㉡78에서 만약 ㉡에 2가 들어가면 228 < 278이므로 부등호 방향을 만족합니다. 따라서 228 < ㉡78이 되기 위해서 ㉡에는 1보다 큰 2부터 9까지 들어갈 수 있습니다.
3) 따라서 ㉠과 ㉡에 모두 들어갈 수 있는 수는 2, 3, 4, 5, 6입니다.

연습문제 06 ······ P. 58

[정답] ㉢, ㉠, ㉡, ㉣

[풀이 과정]

1) □ 안에는 0부터 9까지 들어갈 수 있습니다. 먼저 □ 안에 가장 큰 숫자 9가 들어갈 때, ㉠ : 309, ㉡ : 299, ㉢ : 399, ㉣ : 290가 됩니다. 가장 큰 수부터 차례대로 적으면 ㉢, ㉠, ㉡, ㉣입니다.
2) □ 안에 가장 작은 숫자 0이 들어갈 때, ㉠ : 300, ㉡ : 290, ㉢ : 309, ㉣ : 200가 됩니다. 가장 큰 수부터 차례대로 적으면 ㉢, ㉠, ㉡, ㉣입니다.
3) 이 외에도 □ 안에 1부터 8까지 들어갈 때, 가장 큰 수부터 차례대로 적으면 ㉢, ㉠, ㉡, ㉣입니다.
4) 따라서 □ 안에 어떤 숫자가 들어가도 가장 큰 수부터 차례대로 ㉢, ㉠, ㉡, ㉣입니다.

연습문제 07 ······ P. 59

[정답] 7, 8, 9

[풀이 과정]

1) 56□1 < 5□43에서 천의 자리 숫자가 서로 같으므로 백의 자리 숫자를 서로 비교하면 6 < □입니다. 만약 □가 6인 경우 5661 > 5643이므로 부등호 방향이 반대입니다.
2) 따라서 □ 안에 공통으로 6보다 큰 7, 8, 9가 들어갑니다.

연습문제 08 ······ P. 59

[정답] 220mm

[풀이 과정]

1) 발이 가장 큰 순서대로 적으면 무우, 제이, 상상, 알알이입니다. 제이는 무우보다 발이 작으므로 22□의 □ 안에는 9보다 작은 숫자가 들어갑니다.
2) 제이의 발 크기가 228mm이라면, 상상이의 발 크기는 228 - 7 = 221mm입니다. 따라서 알알이의 발 크기는 220mm이 됩니다.
   제이의 발 크기가 227mm이라면, 상상이의 발 크기는 227 - 7 = 220mm입니다. 하지만 알알이의 발 크기는 220mm보다 작게 될 수 없으므로 제이의 발 크기는 227mm이 아닙니다.
3) 따라서 제이의 발 크기가 228mm, 상상이의 발 크기는 221mm일 때, 알알이의 발 크기는 220mm입니다.

연습문제 09 P. 60

[정답] 7개

[풀이 과정]

1) 먼저 19 - ㉠ > 12에서 19 - 7 = 12이므로 ㉠에는 7보다 작은 수가 들어가야 합니다. 따라서 ㉠에는 7보다 작은 0부터 6까지 들어갈 수 있습니다.

2) 11 + ㉡ < 20에서 11 + 9 = 20이므로 ㉡에는 9보다 작은 수가 들어가야 합니다. 따라서 ㉡에는 9보다 작은 0부터 8까지 들어갈 수 있습니다.

3) 따라서 ㉠과 ㉡에 공통으로 들어갈 수 있는 수는 0, 1, 2, 3, 4, 5, 6으로 총 7개입니다.

연습문제 10 P. 60

[정답] 13개

[풀이 과정]

1) 만약 ㉡ = 1이라면 61㉠3 > 6154이므로 십의 자리 숫자를 서로 비교합니다. ㉠ > 5가 되어야 하므로 ㉠은 반드시 5보다 큰 6, 7, 8, 9가 들어갈 수 있습니다.

따라서 ㉡ = 1이라면 ㉠은 6, 7, 8, 9가 들어가므로 만들 수 있는 두 자리 수는 61, 71, 81, 91으로 4개입니다.

2) ㉡ = 0이라면 61㉠3 > 6054이므로 십의 자리 숫자인 ㉠은 0부터 9까지 모두 들어갈 수 있습니다. 두 자리 수 ㉠㉡을 만들어야 하므로 ㉠에는 0이 올 수 없습니다. 따라서 만들 수 있는 두 자리 수는 10, 20, 30, 40, 50, 60, 70, 80, 90으로 총 9개입니다.

3) 따라서 만들 수 있는 두 자리 수의 개수는 모두 13개입니다.

연습문제 11 P. 61

[정답] 154cm

[풀이 과정]

1) 키가 큰 순서는 아빠, 엄마, 형, 무우, 동생이므로 엄마의 키는 160cm부터 163cm까지 중 하나가 될 수 있습니다.

2) 형의 키는 엄마보다 작고 동생보다 크므로 1□5cm에서 빈칸에 6과 4가 들어갈 수 없습니다. 따라서 형의 키는 155cm입니다.

3) 무우는 동생보다 크고 형보다 작으므로 149cm부터 154cm까지 중 하나가 될 수 있습니다. 따라서 무우의 키는 최대 154cm가 될 수 있습니다.

연습문제 12 P. 61

[정답] ▲ = 4, □ = 5

[풀이 과정]

1) 세 자리 수의 큰 순서는 상상, 알알, 무우, 제이이고 상상, 알알, 제이의 백의 자리 숫자가 4이므로 무우가 만든 ▲□▲에서 ▲은 4입니다.

2) ▲은 4이므로 나머지 ▲ 안에 넣으면 표가 됩니다. 알알이는 제이보다 크고 상상이보다 작으므로 44□ < 4□6 < 464입니다. □는 5입니다.

무우	상상	알알	제이
4□4	464	4□6	44□

3) 따라서 ▲ = 4, □ = 5입니다.

심화문제 01 P. 62

[정답] ㉠ = 6, 7, 8, 9, ㉡ = 12, 13, 14, 15, 16, 17, 18

[풀이 과정]

1) 42 < 52 - ㉠ < 47에서 52 - 10 = 42이고 52 - 5 = 47입니다. 따라서 ㉠에 들어갈 수 있는 수는 5보다 크고 10보다 작은 수인 6, 7, 8, 9입니다.

2) 32 < 21 + ㉡ < 40에서 21 + 11 = 32이고 21 + 19 = 40입니다. 따라서 ㉡에 들어갈 수 있는 수는 11보다 크고 19보다 작은 수인 12, 13, 14, 15, 16, 17, 18입니다.

3) 따라서 ㉠에는 6, 7, 8, 9가 들어갈 수 있고 ㉡에는 12, 13, 14, 15, 16, 17, 18이 들어갈 수 있습니다.

심화문제 02 P. 63

[정답] 알알이 = 533권, 상상이 = 519권, 제이 = 517권

[풀이 과정]

1) 표와 같이 책이 많은 사람 순서대로 놓은 후 빈칸에 ㉠부터 ㉤까지 넣습니다.

무우	알알	상상	제이
537권	㉠3㉡권	5㉢㉣권	51㉤권

2) 먼저 알알이가 가진 책은 무우보다 적고 상상이보다 많으므로 ㉠3㉡에서 ㉠ = 5가 됩니다.

알알이가 가진 53㉡에서 무우의 일의 자리 숫자 7보다 작

아야 하므로 ㉡에 들어갈 수 있는 홀수는 1과 3입니다.

만약 알알이가 531권의 책을 가지고 있으면 나머지 상상, 제이는 3, 7, 9으로 빈칸을 채워야 합니다. 하지만 상상이는 최소 537권의 책을 가지게 되므로 알알이보다 많은 책을 가지게 됩니다. 따라서 알알이는 531권이 아니라 533권의 책을 가지고 있습니다.

3) 나머지 홀수인 1, 7, 9로 상상, 제이의 빈칸을 채웁니다. 먼저 상상이가 5㉢㉣이므로 533보다 작고 51㉤보다 커야 하므로 ㉢ = 1이 들어갑니다. 나머지 ㉣에 9가 들어가면 ㉤에는 7이 들어갑니다.

4) 따라서 알알이는 533권, 상상이는 519권, 제이는 517권의 책을 가지고 있습니다.

심화문제 03 ······ P. 64

[정답] ㉡ ㉢ ㉠

[풀이 과정]

1) 그림의 ⓐ줄에서 백의 자리 숫자가 서로 다르므로 ㉠ < ㉢임을 알 수 있습니다. ⓑ줄에서 백의 자리 숫자가 서로 같으므로 십의 자리 숫자를 서로 비교하면 ㉢ < ㉡임을 알 수 있습니다. 따라서 숫자의 크기 순서는 ㉠ < ㉢ < ㉡입니다.

2) 3장의 숫자 카드 ㉠ ㉡ ㉢ 으로 가장 큰 세 자리 수를 만들려면 가장 큰 숫자 카드인 ㉡을 백의 자리에 적고 십의 자리에 그 다음 큰 숫자 카드인 ㉢, 일의 자리에 ㉠을 놓아야 합니다.

3) 따라서 ㉡ ㉢ ㉠ 순서로 가장 큰 세 자리 수를 만들 수 있습니다.

㉠ ㉢ ㉡ < ㉢ ㉡ ㉠ … ⓐ

㉠ ㉢ ㉡ < ㉠ ㉡ ㉢ … ⓑ

심화문제 04 ······ P. 65

[정답] 11개

[풀이 과정]

1) 37㉠ < 3㉡6 < 3㉢4의 ㉡에는 7, 8, 9가 들어갈 수 있습니다.

i. ㉡ = 7일 때, 37㉠ < 376 < 3㉢4입니다.

37㉠ < 376에서 ㉠은 6보다 작은 홀수인 1, 3, 5가 들어갈 수 있습니다.

376 < 3㉢4에서 ㉢에 7이 들어가면 376 > 374이므로 부등호가 반대입니다. 따라서 ㉢에는 8과 9가 들어갈 수 있습니다.

따라서 〈표 1, 2〉와 같이 ㉡ = 7일 때, 만들 수 있는 세 자리 수는 모두 6개입니다.

ii. ㉡ = 8일 때, 37㉠ < 386 < 3㉢4입니다.

37㉠ < 386에서 ㉠은 0을 제외한 홀수 1, 3, 5, 7, 9가 들어갈 수 있습니다.

386 < 3㉢4에서 ㉢에 8이 들어가면 386 > 384이므로 부등호가 반대입니다. 따라서 ㉢에는 9가 들어갈 수 있습니다.

따라서 〈표 3〉과 같이 ㉡ = 8일 때, 만들 수 있는 세 자리 수는 모두 5개입니다.

iii. ㉡ = 9일 때, 37㉠ < 396 < 3㉢4입니다.

396 < 3㉢4에서 ㉢은 9 밖에 안 됩니다. 하지만 396 > 394이므로 부등호가 반대입니다. 따라서 ㉡에는 9가 들어갈 수 없습니다.

2) 따라서 만들 수 있는 세 자리 수는 총 6 + 5 = 11개입니다.

㉠	㉡	㉢	세자리수
1	7	8	→ 178
3			→ 378
5			→ 578

〈표 1〉

㉠	㉡	㉢	세자리수
1	7	9	→ 179
3			→ 379
5			→ 579

〈표 2〉

㉠	㉡	㉢	세자리수
1	8	9	→ 189
3			→ 389
5			→ 589
7			→ 789
9			→ 989

〈표 3〉

창의적문제해결수학 01 ········· P. 66

[정답] ㉡

[풀이 과정]

1) 그림에서 인접한 수는 오른쪽, 왼쪽, 위, 아래로 갈 수 있는 수입니다. 먼저 출발에서 20과 22를 비교하여 큰 곳에 선을 연결한 후, ○표시합니다. 그 후 22에서 인접한 수인 31과 19를 비교하여 큰 수로 선을 연결합니다.

2) 따라서 이 과정을 반복하여 마지막에 도착하는 곳은 ㉡이 됩니다.

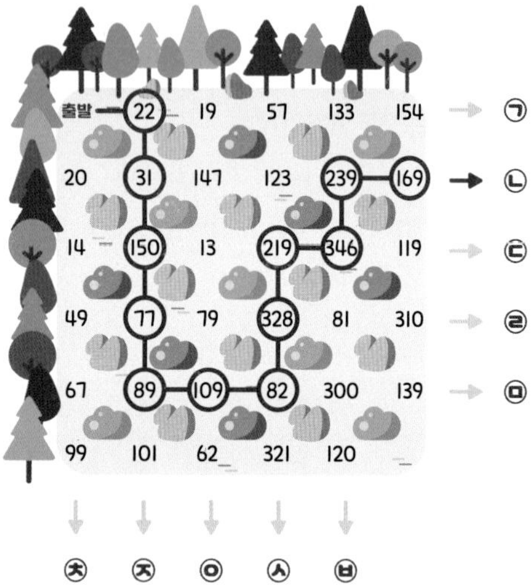

창의적문제해결수학 02 ········· P. 67

[정답] 상상이

[풀이 과정]

1) <상상이의 경우>와 같이 홀수 중 가장 큰 수인 9를 맨 위에 적고 나머지 5와 7을 아래 꼭짓점에 각각 적습니다. 나머지 삼각형 각 변에 짝수인 6, 8, 10을 부등호에 맞게 채워 넣습니다. 따라서 상상이의 경우는 부등호를 만족하여 원 안에 적을 수 있습니다. 이 외에도 5와 7, 6과 8을 서로 자리를 바꿔 적어도 됩니다.

2) <알알이의 경우>와 같이 짝수 중 가장 큰 수인 10을 맨 위에 적고 나머지 6과 8을 아래 꼭짓점에 적습니다. 하지만 나머지 3개의 원 안에 홀수 5가 들어갈 수 있는 곳이 없습니다. 따라서 알알이의 경우는 부등호를 만족하지 못합니다.

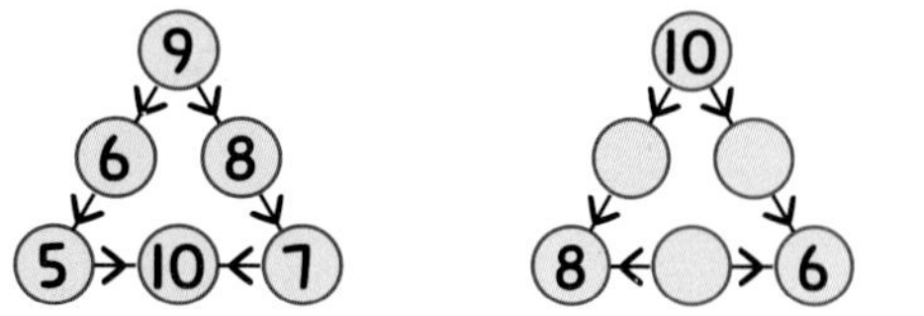

<상상이의 경우> <알알이의 경우>

4. 합과 차

대표문제 확인하기 1 ········· P. 73

[정답] 풀이 과정 참조

[풀이 과정]

1) 정답과 같이 숫자 6을 두 수인 (0, 6), (1, 5), (2, 4), (3, 3)으로 가르기 할 수 있습니다.

2) 두 수의 자리를 서로 바꿔서 적어도 됩니다.

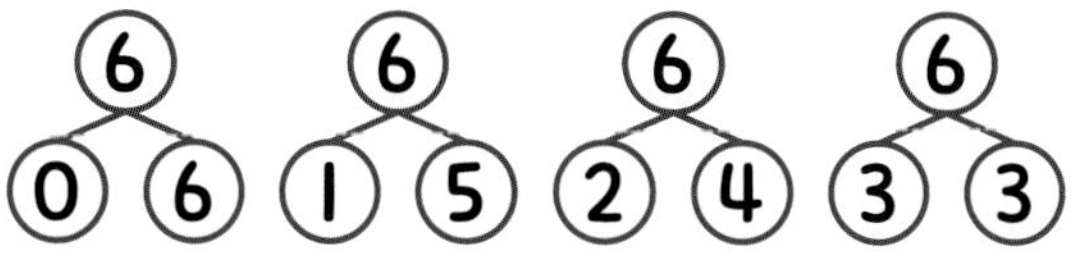

대표문제 확인하기 2 ········· P. 73

[정답] 풀이 과정 참조

[풀이 과정]

1) 맨 아래 13부터 가르기 해서 각 원에 1, 2, 5, 6 을 적어봅니다. 13은 (7, 6)으로 가르기 할 수 있습니다.

2) 나머지 숫자 1, 2, 5으로 7과 6을 가르기 합니다. 7은 (2, 5)으로 가르고, 6은 (1, 5)으로 가르기 할 수 있습니다.

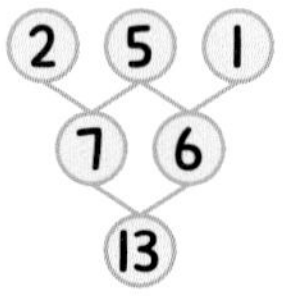

3) 따라서 정답과 같이 각 빈칸에 알맞은 수를 적을 수 있습니다.

대표문제 확인하기 3 ········· P. 73

[정답] 풀이 과정 참조

[풀이 과정]

1) 맨 아래 들어가는 세 수 2, 7, 8을 더하면 17입니다. 17과 맨 위의 원인 19의 차가 2이므로 맨 아래 가운데 원에는 2가 들어갑니다.

2) 따라서 정답과 같이 각 원 안에 수를 적을 수 있습니다. 맨 아래 7과 8의 자리를 서로 바꿔 적어도 됩니다.

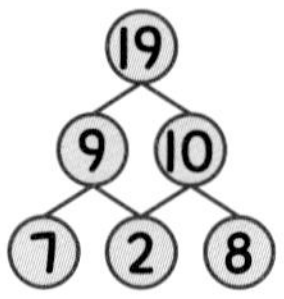

대표문제 확인하기 1 .... P. 75

[정답] (2, 4), (4, 6), (5, 7), (7, 9)

[풀이 과정]

1) 주어진 숫자 카드로 두 수의 차가 2가 되는 경우는 (2, 4), (4, 6), (5, 7), (7, 9)입니다.

대표문제 확인하기 2 .... P. 75

[정답] 4개

[풀이 과정]

1) <그림 1>과 같이 세 수의 합이 7인 곳을 □ 으로 모두 표시합니다. ⇒ 총 2개
2) <그림 2>과 같이 세 수의 합이 7인 곳을 □ 으로 모두 표시합니다. ⇒ 총 2개
3) 따라서 표에서 찾을 수 있는 곳은 4개입니다.

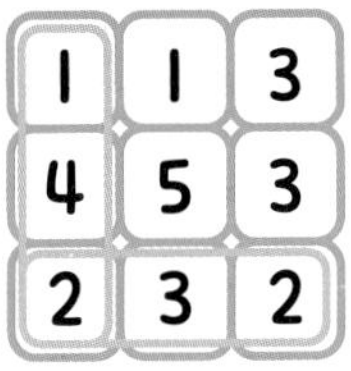
<그림 1>

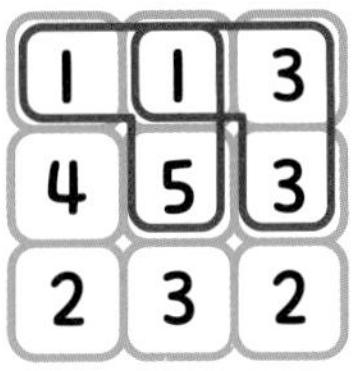
<그림 2>

연습문제 01 .... P. 76

[정답] 풀이 과정 참조

[풀이 과정]

1) 3장의 숫자 카드 중에서 2장의 숫자 카드를 뽑으면 (1, 2), (1, 5), (2, 5)입니다.
2) 따라서 숫자 카드 (1, 2), (1, 5), (2, 5) 으로 모으기 해서 만들 수 있는 수는 각각 3, 6, 7입니다.

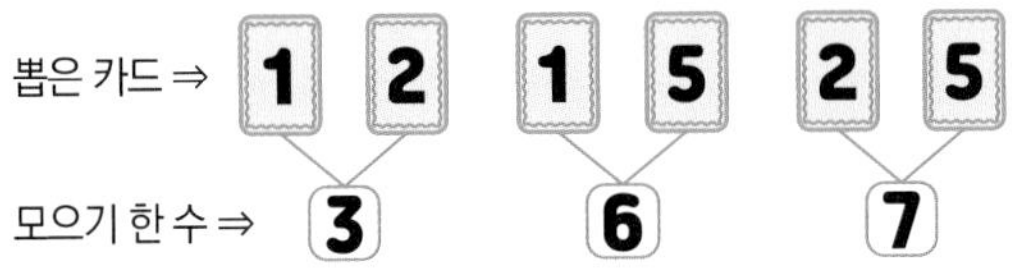

연습문제 02 .... P. 76

[정답] 풀이 과정 참조

[풀이 과정]

1) 정답과 같이 10은 7과 3으로 가르기 하고, 18은 3과 15로 가르기 하면 됩니다. 15와 8을 모으기 하여 23을 적습니다.

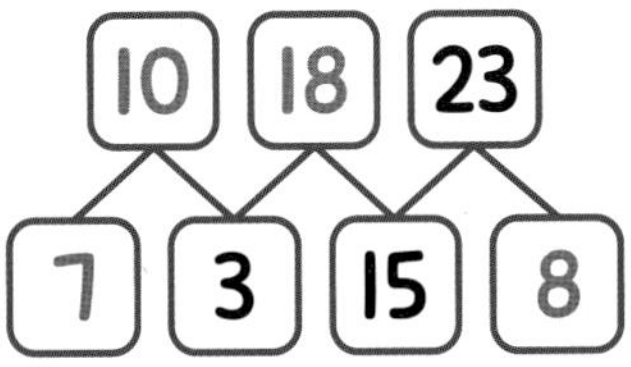

연습문제 03 .... P. 77

[정답] 풀이 과정 참조

[풀이 과정]

1) 주어진 도미노 3개로 모으기 해서 5를 만드는 방법은 (1, 4), (2, 3)이고 6을 만드는 방법은 (2, 4), (3, 3)입니다.
2) 따라서 정답과 같이 5를 (1, 4)으로 모으기 하고 6을 (3, 3)으로 모으기 합니다.

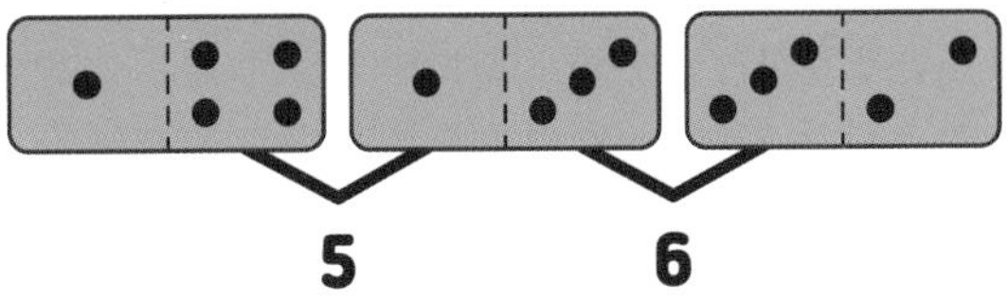

연습문제 04 .... P. 77

[정답] 4개

[풀이 과정]

1) <그림 1>과 같이 두 수의 차가 3인 곳을 □ 으로 모두 표시합니다. ⇒ 총 2개
2) <그림 2>과 같이 두 수의 차가 3인 곳을 □ 으로 모두 표시합니다. ⇒ 총 2개
3) 따라서 표에서 찾을 수 있는 곳은 4개입니다.

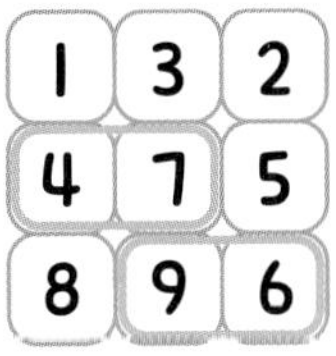
<그림 1>

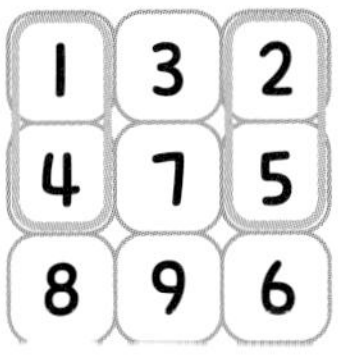
<그림 2>

연습문제 05 .... P. 78

[정답] 풀이 과정 참조

[풀이 과정]

1) 가장 먼저 10을 가르기 하면 2와 8이 됩니다. 그 후 8을 가르기 하여 3과 5가 됩니다.

2) 12는 5와 7로 가르기 할 수 있습니다. 8과 7을 모으기 하면 15가 됩니다. 따라서 마지막에 15는 2와 13으로 가르기 합니다.

3) 따라서 정답과 같이 ①부터 ⑤까지 순서대로 가르기와 모으기를 하면 됩니다.

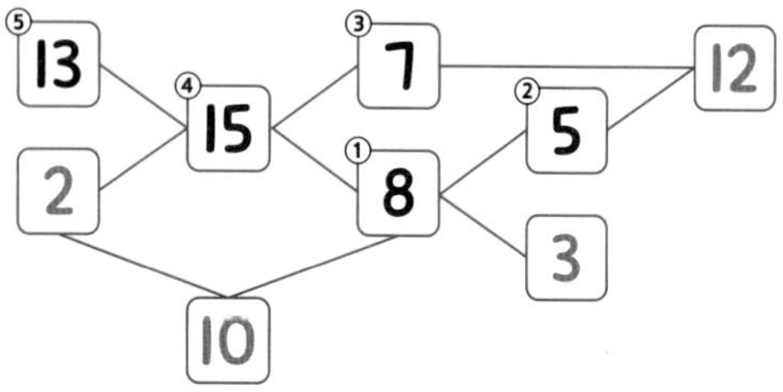

연습문제 06 .... P. 78

[정답] (1, 4, 7), (3, 4, 5), (1, 3, 8)

[풀이 과정]

1) 주어진 숫자 카드로 12를 세 수의 합으로 나타내면 1 + 4 + 7, 3 + 4 + 5, 1 + 3 + 8입니다.

2) 따라서 주어진 숫자 카드로 12를 만들 수 있는 경우는 모두 (1, 4, 7), (3, 4, 5), (1, 3, 8)입니다.

연습문제 07 .... P. 79

[정답] 풀이 과정 참조

[풀이 과정]

1) <정답>에서 세 수를 두 수로 모으기 하면 빨간색 원은 두 번 더해져 20이 만들어집니다. 반대로 세 수를 한 수로 모으기 하면 빨간색 원은 한 번만 더해지므로 빨간색 원 안에는 반드시 20 - 16 = 4가 들어갑니다.

2) 따라서 <정답>과 같이 각 원에 알맞은 짝수를 적습니다. 단, 4의 양옆 원은 서로 자리가 바뀌어도 됩니다.

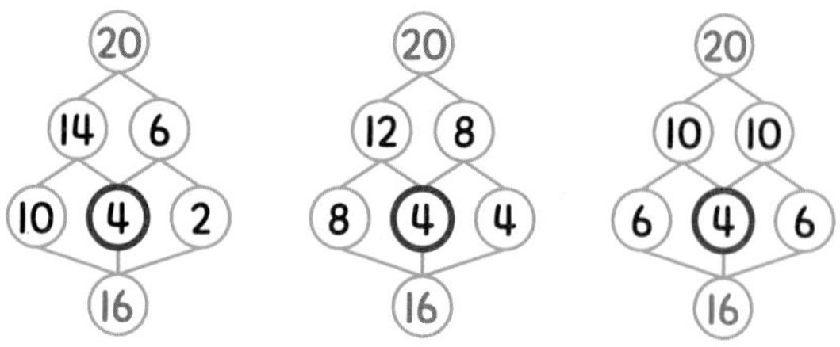

<정답>

연습문제 08 .... P. 79

[정답] 풀이 과정 참조

[풀이 과정]

1) <그림>과 같이 각 빈칸에 ㉠부터 ㉥까지 적습니다.

2) 먼저 2 + ㉢ + 8 = 11이므로 ㉢ = 1입니다. ㉢ + ㉣ + 7 = 13에서 ㉣ = 5입니다.

2 + ㉣ + ㉥ = 16이므로 ㉥ = 9입니다.

㉡ + 7 + ㉥ = 19이므로 ㉡ = 3입니다.

나머지 ㉠ = 4, ㉤ = 6입니다.

3) 따라서 <정답>과 같이 각 빈칸에 ㉠ = 4, ㉡ = 3, ㉢ = 1, ㉣ = 5, ㉤ = 6, ㉥ = 9을 적으면 됩니다.

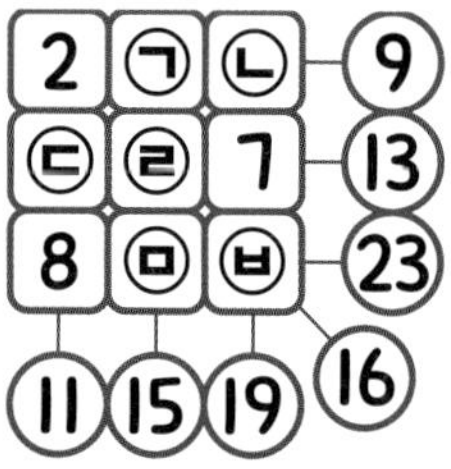

<그림>

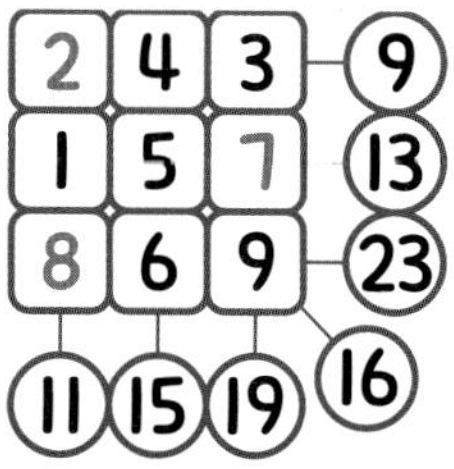

<정답>

연습문제 09 .... P. 80

[정답] ㉠ = 2, ㉡ = 4, ㉢ = 8

[풀이 과정]

1) <그림 1, 2, 3>는 15, 20, 30이 각각 사다리 타는 모습입니다.

2) <그림 1>에서 15 + ㉠ - ㉡ - 5 = ㉢입니다. <그림 2>에서 20 + ㉠ + 10 - 5 = 27입니다. <그림 3>에서 30 - ㉡ + 10 = 36입니다.

3) 먼저 <그림 2>에서 20 + ㉠ + 10 - 5 = 27이므로 25 + ㉠ = 27입니다. 따라서 ㉠ = 2입니다.

<그림 3>에서 30 - ㉡ + 10 = 36이므로 40 - ㉡ = 36입니다. 따라서 ㉡ = 4입니다.

마지막 <그림 1>에서 15 + ㉠ - ㉡ - 5 = ㉢이므로 15 + 2 - 4 - 5 = 8입니다. 따라서 ㉢ = 8입니다.

4) 따라서 ㉠ = 2, ㉡ = 4, ㉢ = 8입니다.

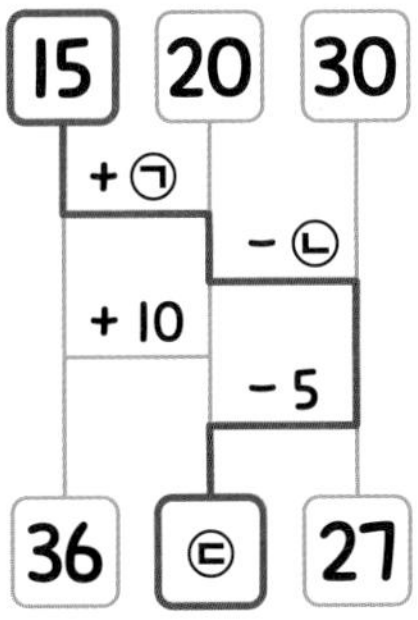

<그림 1>

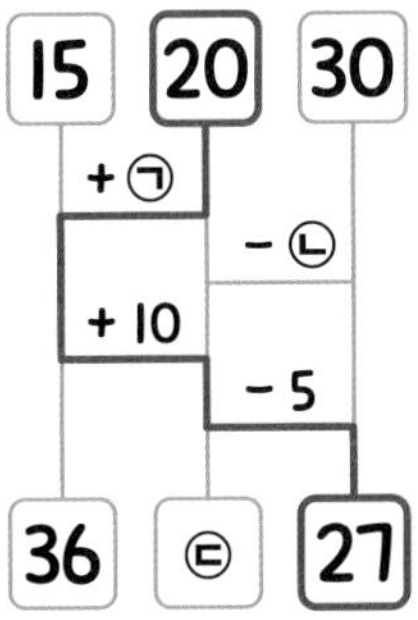

<그림 2>

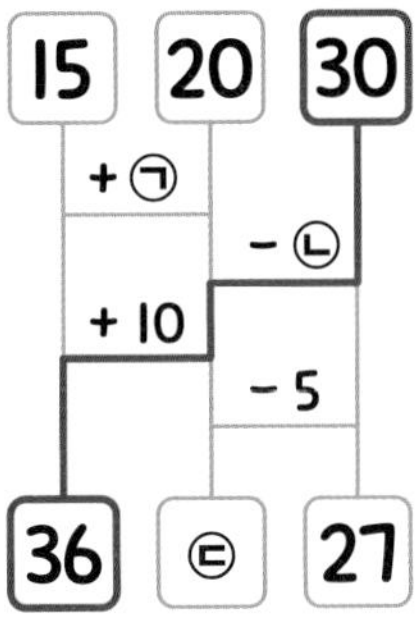

<그림 3>

연습문제 10 .... P. 80

[정답] 풀이 과정 참조

[풀이 과정]

1) <예시 정답 1>과 같이 빨간색 칸에 큰 숫자 4, 5를 넣으면 ㉠이 가장 큰 수가 되고 반대로 <예시 정답 2>와 같이 빨간색 칸에 작은 숫자 1, 3을 넣으면 ㉠이 가장 작은 수가 됩니다.

2) 따라서 빨간색 칸은 위로 모으기 할 때, 두 번 더해지므로 가장 큰 숫자 또는 가장 작은 숫자를 놓아야 합니다.
단, 1과 3, 4와 5는 서로 자리를 바꿔 적어도 됩니다.

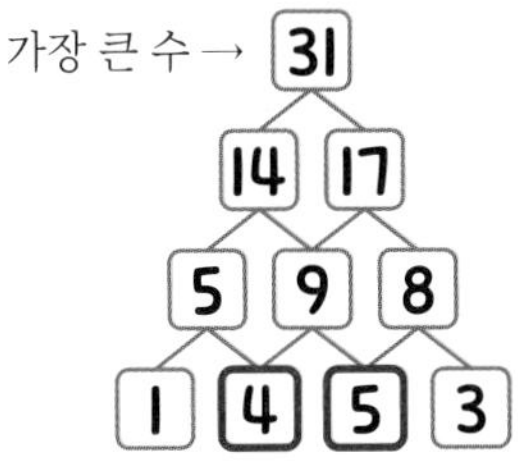

<예시 정답 1>

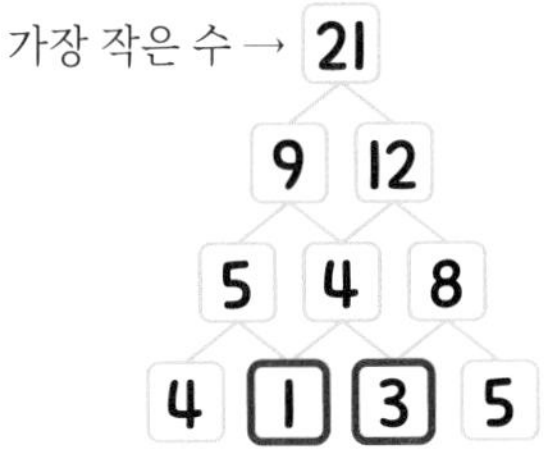

<예시 정답 2>

연습문제 11 .... P. 81

[정답] 7개

[풀이 과정]

1) <그림 1>과 같이 뺄셈식이 만족하는 곳을 ▭ 으로 모두 표시합니다. ⇒ 총 4개

2) <그림 2>과 같이 뺄셈식이 만족하는 곳을 ▯ 으로 모두 표시합니다. ⇒ 총 3개

3) 따라서 표에서 뺄셈식을 표시할 수 있는 곳은 모두 7개입니다.

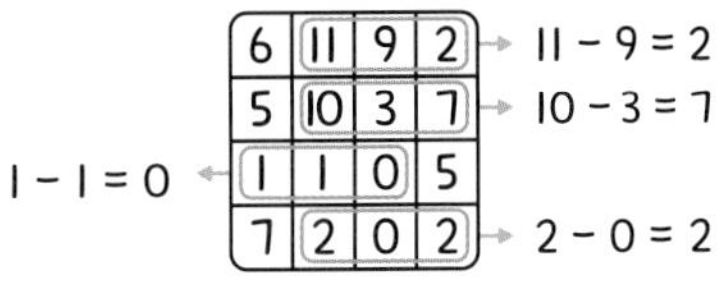

<그림 1>

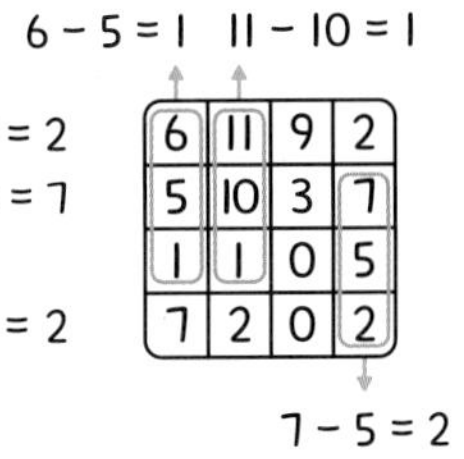

<그림 2>

연습문제 12 .... P. 81

[정답] 1 과 7

[풀이 과정]

1) 두 수의 합으로 가장 큰 수인 9가 나오기 위해서는 (0, 9), (1, 8), (2, 7), (3, 6), (4, 5)이 있습니다

2) 숫자 카드 (0, 9, 2)로 합 또는 차를 했을 때, <보기>의 모든 수를 만들 수 없으므로 (0, 9, 2)은 안 됩니다.

숫자 카드 (1, 8, 2)와 (4, 5, 2)로 각각 합 또는 차를 했을 때, 숫자 5를 만들 수 없으므로 (1, 8, 2)와 (4, 5, 2)은 안 됩니다.

숫자 카드 (3, 6, 2)로 합 또는 차를 했을 때, 숫자 6 을 만들 수 없으므로 (3, 6, 2)은 안 됩니다.

따라서 (2, 7, □)일 때, □에 알맞은 숫자를 찾습니다.

3) □ = 1일 때, (2, 7, 1)에서 합 또는 차를 했을 때,
$2 - 1 = 1$, $2 + 1 = 3$, $7 - 2 = 5$, $7 - 1 = 6$, $7 + 1 = 8$, $7 + 2 = 9$으로 <보기>의 모든 수를 만들 수 있습니다.

4) 따라서 나머지 숫자 카드에 적힌 수는 1과 7입니다.

심화문제 01 ········· P. 82

[정답] 풀이 과정 참조

[풀이 과정]

1) 정답과 같이 도미노의 점의 개수를 알맞게 그려 넣습니다.

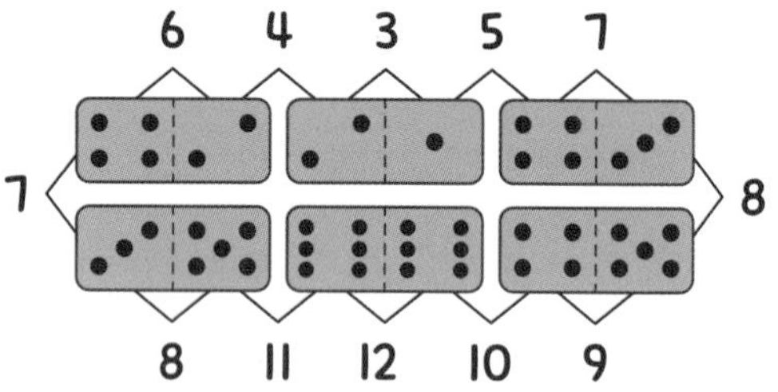

심화문제 02 ········· P. 83

[정답] 풀이 과정 참조

[풀이 과정]

1) <그림>과 같이 사각형의 빈칸에 ㉠부터 ㉢까지 적습니다. 먼저 2 + ㉠ = 9이므로 ㉠ = 7입니다. 7과 ㉡의 차가 4이므로 ㉡은 3 또는 11이 될 수 있습니다.

   만약 ㉡ = 3일 때, ㉡ + ㉢ = 14이므로 ㉢ = 11이 됩니다. 2와 ㉢의 차가 1이 될 수 없으므로 ㉡ = 3이 아닙니다. 따라서 ㉡ = 11일 때, ㉡ + ㉢ = 14이므로 ㉢ = 3입니다. 2와 ㉢의 차가 1이 됩니다.

2) 따라서 <정답>과 같이 ㉠ = 7, ㉡ = 11, ㉢ = 3의 각 수를 적은 후 삼각형 안에 두 수의 차를 적고 원 안에 두 수의 합을 적습니다.

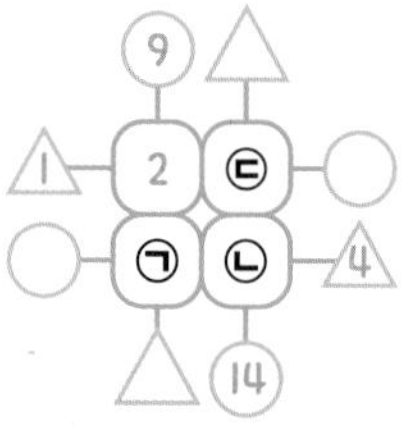

<그림>

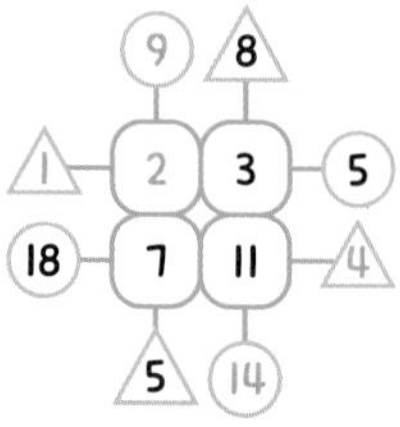

<정답>

심화문제 03 ········· P. 84

[정답] 풀이 과정 참조

[풀이 과정]

1) 맨 위에는 숫자 카드 중 가장 큰 수인 20이 들어갑니다. 주어진 숫자 카드로 20을 세 수로 가르기 하면 (6, 5, 9), (7, 4, 9)이 나옵니다.

   i. 먼저 (7, 4, 9)일 때, 4를 두 수로 가르기 하면 (0, 4), (1, 3), (2, 2)입니다. 하지만 <보기>에서 주어진 숫자 카드에 0과 3이 없고 2를 한 번만 사용하기 때문에 (7, 4, 9)를 놓을 수 없습니다.

   ii. (6, 5, 9)일 때, 5를 두 수로 가르기

2) 따라서 정답과 같이 빈칸에 알맞은 숫자 카드를 놓을 수 있습니다.

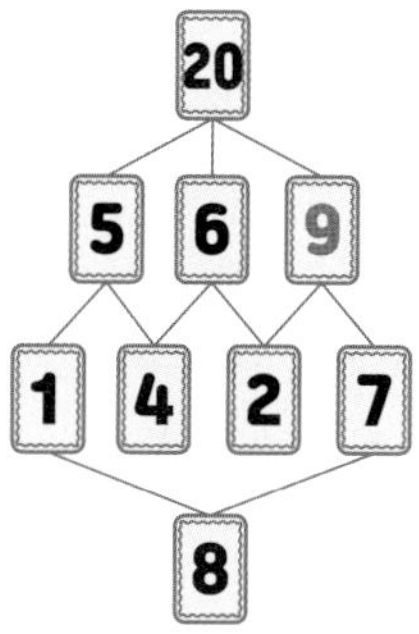

심화문제 04 ········· P. 85

[정답] 5개

[풀이 과정]

1) 가운데 수를 제외한 나머지 가로, 세로의 두 수의 합이 서로 같은 곳을 찾으면 됩니다.
2) 따라서 정답과 같이 파란색, 노란색, 빨간색, 초록색으로 표시된 5개를 찾을 수 있습니다.

2	3	4	8	7	4	2
5	2	1	4	2	3	8
6	3	1	9	7	6	1
4	1	5	4	2	4	3
6	6	8	3	1	2	5

창의적문제해결수학 01 ········· P. 86

[정답] ㉠ = 3, ㉡ = 2, ㉢ = 7

[풀이 과정]

1) 그림에 따라 ㉠ + ㉡ + ㉢ = 12, ㉠ + ㉡ = 5, ㉠ + ㉢ = 10, ㉡ + ㉢ = 9입니다.

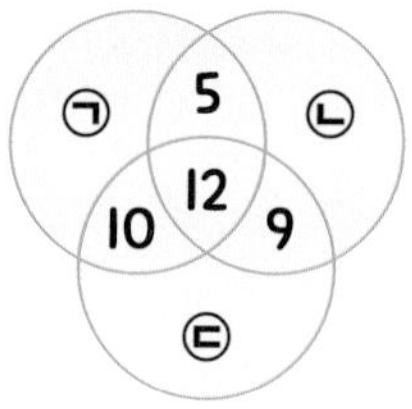

2) ㉠ + ㉡ + ㉢ = 12에서 ㉠ + ㉡ = 5이므로 ㉢ = 12 - 5 = 7입니다. 이와 마찬가지로 ㉠ = 3, ㉡ = 2입니다.
3) 따라서 가운데 12를 기준으로 ㉠은 12 - 9 = 3, ㉡은 12 - 10 = 2, ㉢은 12 - 5 = 7입니다.

창의적문제해결수학 02 ······ P. 87

[정답] 가장 큰 수 = 18, 가장 작은 수 = 11

[풀이 과정]

1) 〈그림〉에서 ⓑ = 10인 경우는 〈예시〉입니다. 〈예시〉의 경우 빈칸에 0이 들어가므로 ⓑ은 10보다 작은 수가 들어가야 합니다.
2) 〈그림〉에서 ⓑ = 9라면, 〈정답 1〉에서 빨간색 칸에는 (1, 10) 을 제외한 (2, 9), (3, 8), (4, 7), (5, 6)이 들어갈 수 있습니다. 서로 자리 바뀌어도 됩니다.
   이 중에 빨간색 칸이 (5, 6)이라면 5, 9, 6 순서대로 가르기 합니다. 따라서 ㉠ = 1 + 4 + 5 + 1 = 11이 됩니다.
3) 〈그림〉에서 ⓑ에 들어갈 수 있는 가장 작은 수가 2라면, 〈정답 2〉에서 파란색 칸에는 두 수의 합이 20 - 2 = 18이 되는 수를 적습니다.
   이 중에 파란색 칸이 (9, 9)라면 9, 2, 9 순서대로 가르기 합니다. 따라서 ㉠ = 8 + 1 + 1 + 8 = 18이 됩니다.
4) 따라서 ㉠에 들어갈 수 있는 가장 큰 수는 18이고 가장 작은 수는 11입니다.

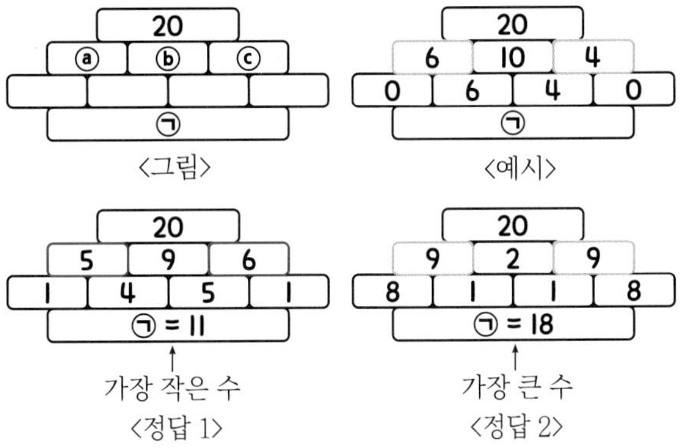

5. 식 만들기

대표문제 확인하기 1 ······ P. 93

[정답] 풀이 과정 참조

[풀이 과정]

1) 주어진 공으로 만들 수 있는 덧셈은 정답과 같습니다. 단, 덧셈에서 두 수의 자리를 서로 바꿔 적어도 됩니다.

①+②=③ ①+③=④ ①+④=⑤

②+③=⑤ ②+⑤=⑦ ③+④=⑦

대표문제 확인하기 2 ······ P. 93

[정답] 3 + 5 - 1, 4 + 5 - 2

[풀이 과정]

1) 주어진 숫자 카드로 두 수의 합이 가장 큰 경우는 4 + 5 = 9입니다. 따라서 두 수의 덧셈 후 뺄셈을 해서 7이 되기 위해서는 8 - 1과 9 - 2으로 두 가지 밖에 없습니다.
2) 〈방법 1〉과 같이 8 - 1 = 7이므로 주어진 숫자 카드로 만든 식은 3 + 5 - 1 = 7입니다.
3) 〈방법 2〉와 같이 9 - 2 = 7이므로 주어진 숫자 카드로 만든 식은 4 + 5 - 2 = 7입니다.
4) 주어진 숫자 카드로 서로 다른 두 가지 방법을 만든 방법은 3 + 5 - 1와 4 + 5 - 2입니다. 단, 덧셈에서 두 수의 자리를 서로 바꿔 적어도 됩니다.

〈방법 1〉 〈방법 2〉

대표문제 확인하기 1 ······ P. 95

[정답] 풀이 과정 참조

[풀이 과정]

1) 주어진 식 15 + 6 - 9 + 11을 계산하면 23입니다.
2) 주어진 식에 적힌 답 17과 계산 결과 값 23의 차가 6이므로 식에서 필요없는 부분은 + 6입니다.
3) 따라서 정답과 같이 + 6에 ╳ 표시하면 됩니다.

〈정답〉 15 ~~+ 6~~ - 9 + 11 = 17

대표문제 확인하기 2 ······ P. 95

[정답] 풀이 과정 참조

[풀이 과정]

1) 주어진 식에 +만 넣었을 때, 4 + 7 + 11 + 8으로 계산 결과 값은 30입니다.
2) 식 ㉠의 계산 결과 값 8과 30의 차는 22이고 22는 11의 2배입니다. 따라서 1)식에서 11 앞의 연산기호를 -로 바꾸면 식 ㉠은 4 + 7 - 11 + 8 = 8이 됩니다.
3) 식 ㉡의 계산 결과 값 14와 30의 차는 16이고 16은 8의 2배입니다. 따라서 1)식에서 8 앞의 연산기호를 -로 바꾸면 식 ㉡은 4 + 7 + 11 - 8 = 14가 됩니다.
4) 따라서 정답과 같이 식 ㉠, ㉡을 완성할 수 있습니다.

5 정답 및 풀이

식㉠ $4 + 7 - 11 + 8 = 8$

식㉡ $4 + 7 + 11 - 8 = 14$

〈정답〉

연습문제 01 .... P. 96

[정답] 풀이 과정 참조

[풀이 과정]

1) 주어진 숫자 카드를 모두 합하면 1 + 3 + 4으로 8입니다. 3 + 4 = 7이 되므로 숫자 1에 3 또는 4를 곱하여 1 × 3 = 3 또는 1 × 4 = 4를 만듭니다. 따라서 식 ㉠과 같이 3 + 4 × 1을 하여 7을 만들 수 있습니다.
2) 식 ㉠에서 덧셈에서 두 수의 자리를 서로 바꿔도 되고 연산 기호를 바꿔 1 × 3 + 4으로 적어도 됩니다.
3) 두 숫자 카드를 붙이면 두 지리 수가 됩니다. 두 자리 수와 한 자리 수을 덧셈이나 곱셈을 했을 때, 9가 나올 수 없습니다. 따라서 식 ㉡의 연산 기호는 뺄셈이 들어갑니다.
   주어진 숫자 카드로 식 ㉡와 같이 13 - 4를 하여 9를 만들 수 있습니다.
4) 따라서 정답과 같이 식 ㉠, ㉡을 완성할 수 있습니다.

식㉠ $3 + 4 \times 1 = 7$

식㉡ $13 - 4 = 9$

〈정답〉

연습문제 02 .... P. 96

[정답] 풀이 과정 참조

[풀이 과정]

1) 주어진 숫자 카드로 만들 수 있는 두 수의 차는 1과 3입니다. 먼저 두 수의 차가 1인 경우는 (8, 7), (10, 9), (12, 11)입니다.두 수의 차가 3인 경우는 (10, 7), (11, 8), (12, 9)입니다.
2) 〈정답 1, 2〉와 같이 두 수의 차가 1과 3의 경우 각각의 숫자 카드를 놓습니다. 단, 뺄셈식의 순서를 바꿔 적어도 상관없습니다.

〈정답 1〉 $8 - 7 = 10 - 9 = 12 - 11$

〈정답 2〉 $10 - 7 = 11 - 8 = 12 - 9$

연습문제 03 .... P. 97

[정답] ㉣

[풀이 과정]

1) 먼저 ㉠ : 4는 1 + 3으로 만들 수 있습니다.
   ㉡ : 5 + 1 = 6이므로 주어진 숫자 카드로 8 - 3 + 1 = 6을 만들 수 있습니다.
   ㉢ : 11 - 1 = 10이므로 주어진 숫자 카드로 8 + 3 - 1 = 10을 만들 수 있습니다.
   ㉤ : 1과 8을 두 자리 수로 만들어서 18 - 3 = 15를 만들 수 있습니다.
2) ㉣ : 13은 주어진 숫자 카드와 연산 카드로 만들 수 없습니다.

연습문제 04 .... P. 97

[정답] 풀이 과정 참조

[풀이 과정]

1) 계산 결과 값이 서로 다르기 위해서 각 식의 계산 결과 값은 1, 3, 5, 7이 됩니다.
2) 따라서 정답과 같이 1, 3, 5, 7이 되는 4개의 식을 만들 수 있습니다. 단, 덧셈에서 두 수의 자리를 서로 바꿔 적어도 됩니다.

$3 + 5 - 7 = 1$ $7 + 1 - 3 = 5$

$1 + 7 - 5 + 3$ $5 + 3 - 1 = 7$

〈정답〉

연습문제 05 .... P. 98

[정답] 풀이 과정 참조

[풀이 과정]

1) 먼저 주어진 숫자 카드로 두 수를 곱하여 만들 수 있는 20은 (2, 10)과 (4, 5)이고, 24는 (3, 8)와 (4, 6)이고, 40은 (4, 10)과 (5, 8)입니다.
2) 만약 20에 4와 5가 들어간다면, 두 수를 곱하여 40이 되는 (4, 10) 또는 (5, 8)을 적을 수 없습니다. 따라서 20은 2 × 10으로 적어야 합니다.
3) 나머지 숫자 카드로 각 빈칸에 5 × 8 = 40을 적고 4 × 6 = 24를 적습니다. 따라서 정답과 같이 각 빈칸에 숫자 카드를 적을 수 있습니다. 단, 곱셈식에서 두 수의 자리를 서로 바꿔 적어도 됩니다.

$2 \times 10 = 20$ $4 \times 6 = 24$ $5 \times 8 = 40$

〈정답〉

연습문제 **06** ········· P. 98

[정답] 8 + 7 - 6 = 10 - 5 + 4

[풀이 과정]

1) 주어진 식에 +를 넣어 계산하면 8 + 7 + 6 = 21이고 10 + 5 + 4 = 19입니다. 두 계산 결과 값의 차는 2이므로 1의 2배입니다. 따라서 두 식에서 8과 10을 제외한 나머지 수 중에서 차가 1인 5와 6 앞에 연산 기호를 각각 -로 바꿉니다.
2) 연산기호를 바꿔 적으면 8 + 7 - 6 = 9이고 10 - 5 + 4 = 9입니다.

연습문제 **07** ········· P. 99

[정답] 풀이 과정 참조

[풀이 과정]

1) 주어진 숫자 카드 2, 3, 4, 5, 6, 7으로 곱셈이 가능한 식은 2 × 3 = 6 밖에 없습니다.
2) 따라서 〈정답 1, 2〉와 같이 2 × 3 = 6 또는 3 × 2 = 6일 때, 나머지 숫자 카드로 덧셈식을 만듭니다.

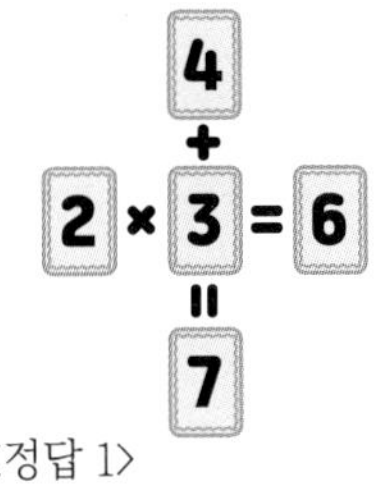

〈정답 1〉

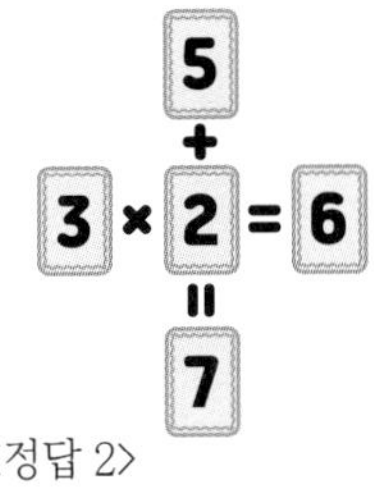

〈정답 2〉

연습문제 **08** ········· P. 99

[정답] 풀이 과정 참조

[풀이 과정]

1) 〈틀린 식〉을 계산하면 17 + 25 - 3 = 39입니다. 주어진 값 50과 39의 차는 11입니다. 따라서 11만큼 더 커야 합니다.
2) 먼저 주어진 숫자 카드에 십의 자리에는 5와 7이 올 경우 계산 결과가 50보다 크게 되므로 숫자 카드 1, 2, 3 중에 두 개의 숫자 카드를 서로 자리 바꿔야 합니다.
3) 숫자 카드 1과 2를 서로 바꿔 계산해도 결과는 39로 같습니다. 1과 3을 서로 바꿔 계산하면 37 + 25 - 1 = 61입니다. 따라서 2와 3을 서로 바꿔 계산해야 합니다.
4) 따라서 〈틀린식〉에서 2와 3을 자리 바꿔 계산하면 〈고친 식〉이 됩니다.

〈틀린 식〉 1 7 + ② 5 - ③ = 50

〈고친 식〉 1 7 + 3 5 - 2 = 50

연습문제 **09** ········· P. 100

[정답] □ = 4, 두 번째로 큰 계산 결과 값 = 26

[풀이 과정]

1) 주어진 식에 +, -을 써넣어 계산 결과가 가장 크게 되려면 ○ 안에 +만 넣어야 합니다. 주어진 식에 +만 넣으면 17 + □ + 8 + 3 = 32이므로 □ = 4입니다.
2) 주어진 식에서 연산 기호를 바꿔 두 번째로 큰 계산 결과 값이 되려면 17 + 4 + 8 + 3 중에서 가장 작은 수인 3 앞에 -으로 바꿔야 합니다.
3) 따라서 □는 4이고, 두 번째로 큰 계산 결과는 17 + 4 + 8 - 3 = 26입니다.

연습문제 **10** ········· P. 100

[정답] 풀이 과정 참조

[풀이 과정]

1) 먼저 곱셈식 ㉡부터 빈칸을 채웁니다. 0을 제외한 숫자 카드로 5와 곱셈을 하면, 2 × 5 = 10, 3 × 5 = 15, 6 × 5 = 30, 7 × 5 = 35, 8 × 5 = 40입니다.
2) 이 중에서 계산 결과 값을 주어진 숫자 카드로 만들 수 있는 경우는 6 × 5 = 30 밖에 없습니다. 따라서 곱셈식 ㉡의 빈칸에는 6 × 5 = 30이 들어갑니다.
3) 곱셈식 ㉠에는 나머지 숫자 카드 2, 7, 8을 넣어야 합니다. 주어진 숫자 카드를 알맞게 곱셈식 ㉠에 넣으면 4 × 7 = 28이 됩니다.
4) 따라서 주어진 숫자 카드로 만든 곱셈식 ㉠은 4 × 7 = 28이고 곱셈식 ㉡은 6 × 5 = 30입니다.

곱셈식 ㉠ 4 × 7 = 2 8

곱셈식 ㉡ 6 × 5 = 3 0

연습문제 **11** ········· P. 101

[정답] 2 + 3 + 45 + 6 = 56

[풀이 과정]

1) 먼저 수 사이의 각각 +을 넣어 계산하면 2 + 3 + 4 + 5 + 6 = 20입니다. 주어진 계산 결과 값 56과 20의 차는 36입니다. + 한 개를 없애서 두 자리 수를 만들어야 합니다.

2) 4와 5 사이의 +를 없애면, 4 + 5 = 9와 45의 차는 36이 됩니다. 4와 5 사이의 +를 없애고 두 자리 수를 만듭니다.

3) 따라서 식이 성립하도록 수 사이의 +을 넣으면
2 + 3 + 45 + 6 = 56입니다.

연습문제 12 P. 101

[정답] 풀이 과정 참조

[풀이 과정]

1) 계산 결과 값이 가장 클 때는 빼기 뒤에 가장 작은 숫자인 1을 놓아야 합니다. 나머지 숫자 카드로 가장 큰 두 자리 수 64를 만들고 나머지 숫자 3을 더합니다.

2) 계산 결과 값이 가장 작을 때는 빼기 뒤에 가장 큰 숫자인 6을 놓아야 합니다. 나머지 숫자 카드로 가장 작은 두 자리 수 13을 만들고 나머지 숫자 4를 더합니다.

3) 따라서 〈정답〉과 같이 가장 클 때와 가장 작을 때 식을 적을 수 있습니다. 3과 4의 자리는 서로 바꿔 적어도 상관없습니다.

가장 클 때 : 6 4 + 3 - 1 = 66

가장 작을 때 : 1 3 + 4 - 6 = 11

〈정답〉

심화문제 01 P. 102

[정답] 1 + 3 × 5 + 7 + 9 = 32

[풀이 과정]

1) 주어진 계산 결과 값 25와 32의 차는 7입니다. + 한 개를 ×로 바꿔 계산합니다.

2) 3과 5 사이에 +를 ×로 바꾸면, 3 + 5 = 8과 3 × 5 = 15의 차는 7이 됩니다. 3과 5 사이에 +를 ×로 바꿔야 합니다.

3) 따라서 식이 성립하도록 수 사이에 +를 ×로 바꾸면
1 + 3 × 5 + 7 + 9 = 32입니다.

심화문제 02 P. 102

[정답] 7 - 6 + 54 - 3 + 2 = 54

[풀이 과정]

1) 주어진 숫자 카드 사이의 연산 기호 +, -를 각각 2개씩 놓으면 어떤 숫자 카드 사이의 연산 기호를 놓을 수 없어 반드시 두 자리 수가 한 개 생깁니다. 이때 만들어지는 두 자리 수는 76, 65, 54, 43, 32 중 한 개입니다.

2) 먼저 두 자리 수가 76일 때, 76 - 5 - 4 + 3 + 2를 하면 계산 결과 값이 54가 될 수 없습니다. 이와 같이 두 자리 수가 65, 43, 32일 때에는 연산 기호 +, -를 각각 2개씩 놓아도 54가 될 수 없습니다.

3) 따라서 두 자리 수가 54일 때, 7 - 6 + 54 - 3 + 2를 하면 계산 결과 값이 54가 됩니다.

심화문제 03 P. 103

[정답] 20개

[풀이 과정]

1) 먼저 〈그림〉과 같이 2부터 빈칸에 서로 다른 숫자가 나오도록 곱셈식을 적습니다.

2) 따라서 각 빈칸에 서로 다른 숫자를 넣어 만든 곱셈식은 총 4 + 5 + 4 + 2 + 2 + 2 + 1 = 20개입니다.

2 × 5 = 10
2 × 7 = 14
2 × 8 = 16
2 × 9 = 18

⇒ 총 4개

3 × 4 = 12
3 × 6 = 18
3 × 7 = 21
3 × 8 = 24
3 × 9 = 27

⇒ 총 5개

4 × 5 = 20
4 × 7 = 28
4 × 8 = 32
4 × 9 = 36

⇒ 총 4개

5 × 6 = 30
5 × 8 = 40

⇒ 총 2개

6 × 7 = 42
6 × 9 = 54

⇒ 총 2개

7 × 8 = 56
7 × 9 = 63

⇒ 총 2개

8 × 9 = 72

⇒ 총 1개

〈그림〉

심화문제 04 P. 103

[정답] 풀이 과정 참조

[풀이 과정]

1) 맨 처음에 9 ○ 87에서 반드시 ○ 안에 +가 들어가야 합니다. 그러면 9 + 87 = 96이 됩니다. 100 - 96 = 4이므로 ○ 6 ○ 5 ○ 4 ○ 3 ○ 2 ○ 1에서 ○ 안에 +, -, ×를 한 번 이상 써넣어 4를 만들어야 합니다.

2) 따라서 〈정답 1, 2, 3〉과 같이 ○ 안에 +, -, ×를 한 번 이상 써넣어 100을 만들 수 있습니다. 이외에도 ○ 안에 연산 기호를 넣는 방법은 여러 가지가 있습니다.

9 ⊕ 87 ⊕ 6 ⊖ 5 ⊕ 4 ⊖ 3 ⊕ 2 ⊗ 1 = 100

〈정답 1〉

9 ⊕ 87 ⊖ 6 ⊕ 5 ⊕ 4 ⊕ 3 ⊖ 2 ⊗ 1 = 100

〈정답 2〉

9 ⊕ 87 ⊖ 6 ⊖ 5 ⊕ 4 ⊗ 3 ⊕ 2 ⊕ 1 = 100

〈정답 3〉

창의적문제해결수학 **01** P. 104

[정답] 풀이 과정 참조

[풀이 과정]

1) 주사위에 적힌 수는 2부터 7까지입니다. 주사위를 4번 굴려서 나오는 눈의 수는 모두 같은 수가 나올 수 있습니다.
2) 주어진 식의 계산 결과가 가장 클 때는 가장 작은 수인 2를 빼셈에 놓고 가장 큰 수인 7을 나머지 빈칸에 각각 써넣습니다. 따라서 가장 클 때의 식은 7 + 77 - 2 = 82입니다.
3) 반대로 주어진 식의 계산 결과가 가장 작을 때는 가장 큰 수인 7을 빼셈에 놓고 가장 작은 수인 2를 나머지 빈칸에 각각 써넣습니다. 따라서 가장 작을 때의 식은 2 + 22 - 7 = 17입니다.
4) 따라서 <정답>과 같이 가장 클 때 값은 82이고 가장 작을 때 값은 17입니다.

가장 클 때 : 7 + 7 7 - 2 = 82

가장 작을 때 : 2 + 2 2 - 7 = 17

<정답>

창의적문제해결수학 **02** P. 105

[정답] 풀이 과정 참조

[풀이 과정]

1) 주어진 숫자 카드로 만들 수 있는 곱셈식은 2 × 3 = 6과 2 × 4 = 8입니다. 이 중 <만들 수 없을 때 예시>와 같이 2 × 3 = 6일 때, 나머지 숫자 카드로 알맞은 덧셈식과 뺄셈식을 만들 수 없습니다.

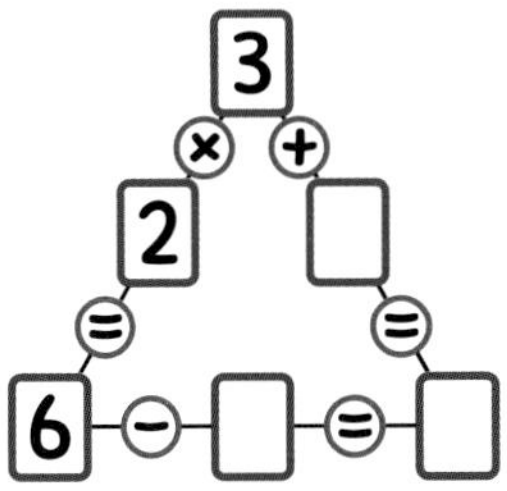

<만들 수 없을 때 예시>

2) 따라서 2 × 4 = 8일 때, <정답 1, 2>와 같이 빈칸을 모두 채워 덧셈식과 뺄셈식을 완성할 수 있습니다. <정답 1, 2>외에도 2 × 4 = 8일 때, 나머지 빈칸에 채우는 방법은 여러 가지가 있습니다.

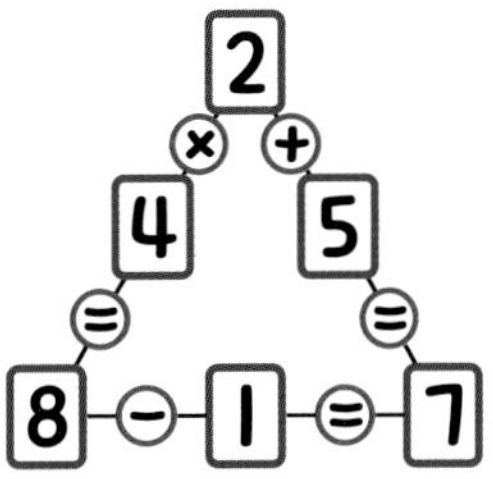

<정답 1>

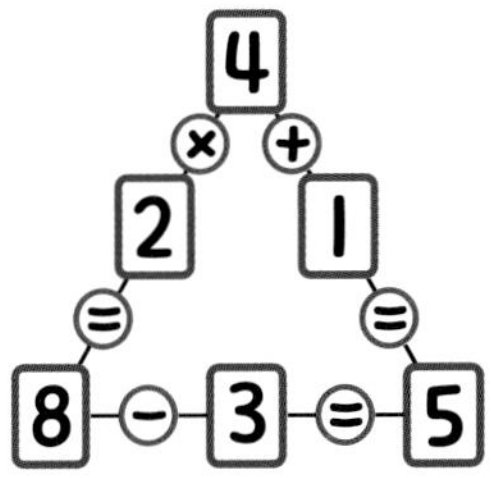

<정답 2>

6. 벌레 먹은 셈

대표문제 확인하기 1 P. 111

[정답] 풀이 과정 참조

[풀이 과정]

<덧셈식> 풀이 과정

1) <덧셈식>과 같이 각 □ 안에 ㉠부터 ㉢까지 적습니다. 먼저 일의 자리에서 3 + ㉡ = 4이므로 ㉡ = 1이 됩니다. 십의 자리에서 ㉠ + 1 = ㉢㉣이므로 ㉠에는 9만 들어갈 수 있습니다. 따라서 9 + 1 = 10으로 ㉢ = 1, ㉣ = 0입니다.

	㉠	3
+	1	㉡
㉢	㉣	4

<덧셈식>

2) 위에서 찾은 ㉠, ㉡, ㉢, ㉣를 각 빈칸에 채우면 <덧셈식 정답>이 됩니다.

	9	3
+	1	1
1	0	4

<덧셈식 정답>

<뺄셈식> 풀이 과정

1) <뺄셈식>과 같이 각 □ 안에 ⓐ, ⓑ를 적습니다. 뺄셈식 ⓐ7 - ⓑ = 9를 덧셈식으로 적으면 9 + ⓑ = ⓐ7입니다. ⓑ = 8이면 덧셈한 결과 17이므로 ⓐ = 1이 됩니다.

	ⓐ	7
-		ⓑ
		9

<뺄셈식>

2) 위에서 찾은 ⓐ, ⓑ를 각 빈칸에 채우면 <뺄셈식 정답>이 됩니다.

	1	7
-		8
		9

<뺄셈식 정답>

대표문제 확인하기 2 .... P. 111

[정답] 풀이 과정 참조

[풀이 과정]

1) <빽셈식>과 같이 각 □ 안에 ㉠부터 ㉣까지 적습니다. 빽셈식 ㉠㉡ - ㉢㉣ = 6을 덧셈식으로 적으면 <덧셈식>과 같이 ㉢㉣ + 6 = ㉠㉡입니다.

	㉠	㉡
-	㉢	㉣
		6

<빽셈식>

	㉢	㉣
+		6
	㉠	㉡

<덧셈식>

2) 먼저 일의 자리에서 6 + ㉣ = ㉡이 되어야 합니다. 주어진 숫자를 이용하면 (㉣, ㉡)에는 (3, 9) 또는 (9, 5)가 들어갈 수 있습니다.

i. (㉣, ㉡) = (3, 9)일 때, 나머지 숫자 2, 5으로 ㉠과 ㉢을 채울 수 없습니다. 따라서 (㉣, ㉡) = (3, 9)가 아닙니다.

ii. (㉣, ㉡) = (9, 5)일 때, 나머지 숫자 2, 3으로 ㉠과 ㉢을 채워야 합니다. 29 + 6 = 35가 되므로 ㉠ = 3, ㉢ = 2입니다.

3) 위에서 찾은 ㉠, ㉡, ㉢, ㉣를 각 빈칸에 채우면 정답이 됩니다.

	3	5
-	2	9
		6

<정답>

대표문제 확인하기 1 .... P. 113

[정답] A = 2, B = 9, C = 1

[풀이 과정]

1) 2개의 두 자리 수 덧셈의 계산 결과 값의 백의 자리는 반드시 1입니다. 주어진 복면산에 C = 1을 써넣으면 <덧셈식>이 됩니다.

		A	B
+		B	A
	1	A	1

<덧셈식>

2) 두 자리 수이므로 A, B는 0이 될 수 없습니다. 일의 자리 덧셈을 만족하는 (A, B)는 (2, 9), (3, 8), (4, 7), (5, 6) 중 하나입니다. (A, B)가 서로 자리 바뀌어도 됩니다.

3) 위에서 구한 (A, B) 중에서 십의 자리 덧셈을 만족하는 A = 2, B = 9 밖에 없습니다.

4) 따라서 각 알파벳이 나타내는 수는 A = 2, B = 9, C = 1입니다.

대표문제 확인하기 2 .... P. 113

[정답] ○ = 6, △ = 2, □ = 4

[풀이 과정]

1) ⓒ에서 ○ + △ + □ = 12의 밑줄 친 부분은 ⓐ와 같습니다. 따라서 8 + □ = 12이므로 □ = 4입니다.

ⓐ… ○ + △ = 8
ⓑ… □ + □ + △ = 10
ⓒ… ○ + △ + □ = 12

2) ⓑ에서 □ = 4를 넣으면 4 + 4 + △ = 10이므로 △ = 2입니다.

3) ⓐ에서 △ = 2을 넣으면 ○ + 2 = 8이므로 ○ = 6입니다.

4) 따라서 ○ = 6, △ = 2, □ = 4입니다.

대표문제 확인하기 3 .... P. 113

[정답] ○ = 5, △ = 0, □ = 1

[풀이 과정]

1) 빽셈식을 덧셈식으로 바꿔 적어 각 도형이 나타내는 숫자를 찾습니다.

	□	△	○
-		○	△
		○	○

<빽셈식>

⇒

		○	△
+		○	○
	□	△	○

<덧셈식>

2) 2개의 두 자리 수 덧셈이므로 □는 반드시 1입니다.

3) 일의 자리에서 △ + ○ = ○가 나왔으므로 △ = 0입니다.

4) 십의 자리에서 △ = 0을 넣으면 ○ + ○ = 10이 됩니다. 따라서 ○ = 5입니다.

5) 따라서 ○ = 5, △ = 0, □ = 1입니다.

연습문제 01 .... P. 114

[정답] A = 9, B = 1, C = 0

[풀이 과정]

1) 두 자리 수와 한 자리 수의 덧셈식이므로 B는 반드시 1입니다.

2) 〈덧셈식〉에 B = 1을 넣습니다. 일의 자리에서 십의 자리로 1을 받아 올림되고 십의 자리를 만족하는 A = 9, C = 0입니다.

$$\begin{array}{rrr} & A & 1 \\ + & & A \\ \hline 1 & C & C \end{array}$$

〈덧셈식〉

3) 따라서 정답과 같이 A = 9, B = 1, C = 0가 됩니다.

$$\begin{array}{rrr} & 9 & 1 \\ + & & 9 \\ \hline 1 & 0 & 0 \end{array}$$

〈정답〉

연습문제 02 .... P. 114

[정답] 풀이 과정 참조

[풀이 과정]

1) ○ 안에 +와 -가 들어가는 경우를 따로 생각합니다.
먼저 〈덧셈식〉에서 십의 자리에서 □와 7을 더해 1이 되는 경우는 없습니다.
따라서 ○ 안에 +가 들어갈 수 없습니다.

$$\begin{array}{rrr} & \square & 6 \\ + & 7 & \square \\ \hline & 1 & 1 \end{array} \qquad \begin{array}{rrr} & ⓐ & 6 \\ - & 7 & ⓑ \\ \hline & 1 & 1 \end{array}$$

〈덧셈식〉 〈뺄셈식〉

2) 먼저 〈뺄셈식〉에서 각 □ 안에 ⓐ, ⓑ을 적습니다.
일의 자리에서 6 - ⓑ = 1이므로 ⓑ = 5입니다.
십의 자리에서 ⓐ - 7 = 1이므로 ⓐ = 8입니다.

3) 따라서 정답과 같이 ○ 안에 -가 들어가고 ⓐ = 8, ⓑ = 5입니다.

$$\begin{array}{rrr} & 8 & 6 \\ - & 7 & 5 \\ \hline & 1 & 1 \end{array}$$

〈정답〉

연습문제 03 .... P. 115

[정답] ○ = 6, △ = 5, □ = 3

[풀이 과정]

1) ⓒ에서 ○ + ○ + ○ = 18이므로 ○ = 6입니다. ⓑ에 ○ = 6을 넣으면 △ + 6 = 11이므로 △ = 5입니다. ⓐ에 △ = 5을 넣으면 □ + 5 = 8이므로 □ = 3입니다.

ⓐ··· □ + △ = 8
ⓑ··· △ + ○ = 11
ⓒ··· ○ + ○ + ○ = 18

2) 따라서 ○ = 6, △ = 5, □ = 3입니다.

연습문제 04 .... P. 115

[정답] 풀이 과정 참조

[풀이 과정]

〈덧셈식 1〉 풀이 과정

1) 〈덧셈식 1〉각 □ 안에 ㉠부터 ㉣까지 적습니다. 일의 자리에서 ㉡ + ㉢ + ㉣ = 10이므로 ㉠는 반드시 6입니다. 나머지 숫자 2, 3, 5를 ㉡, ㉢, ㉣에 각각 적으면 됩니다.

$$\begin{array}{rrr} & ㉠ & ㉡ \\ & & ㉢ \\ + & & ㉣ \\ \hline & 7 & 0 \end{array}$$

〈덧셈식 1〉

2) 따라서 〈덧셈식 1 정답〉과 같이 각 □ 안에 알맞은 숫자를 써넣을 수 있습니다. 단, 일의 자리 숫자들의 자리를 서로 바꿔 적어도 됩니다.

$$\begin{array}{rrr} & 6 & 2 \\ & & 3 \\ + & & 5 \\ \hline & 7 & 0 \end{array}$$

〈덧셈식 1 정답〉

〈덧셈식 2〉 풀이 과정

1) 〈덧셈식 2〉 각 □ 안에 ⓐ부터 ⓓ까지 적습니다. 일의 자리에서 ⓑ + ⓒ + ⓓ = 14이므로 ⓐ는 반드시 2입니다. 나머지 숫자 3, 5, 6를 ⓑ, ⓒ, ⓓ에 각각 적으면 됩니다.

$$\begin{array}{rrr} & ⓐ & ⓑ \\ & & ⓒ \\ + & & ⓓ \\ \hline & 3 & 4 \end{array}$$

〈덧셈식 2〉

2) 따라서 〈덧셈식 2 정답〉과 같이 각 □ 안에 알맞은 숫자를 써넣을 수 있습니다. 단, 일의 자리 숫자들의 자리를 서로 바꿔 적어도 됩니다.

$$\begin{array}{rrr} & 2 & 3 \\ & & 5 \\ + & & 6 \\ \hline & 3 & 4 \end{array}$$

〈덧셈식 2 정답〉

연습문제 05 ····· P. 116

[정답] 풀이 과정 참조

[풀이 과정]

〈식 1〉 풀이 과정

	7	㉠
○	㉡	6
	4	2

〈식 1〉

1) 〈식 1〉과 같이 각 □ 안에 ㉠, ㉡을 적습니다. 십의 자리에서 7과 ㉡을 더해서 4가 될 수 없으므로 ○ 안에 －가 들어갑니다.

	7	8
－	3	6
	4	2

〈식 1 정답〉

2) 일의 자리에서 ㉠ － 6 = 2이므로 ㉠ = 8입니다. 십의 자리에서 7 － ㉡ = 4이므로 ㉡ = 3입니다.

3) 따라서 〈식 1 정답〉과 같이 완성할 수 있습니다.

〈식 2〉 풀이 과정

	ⓐ	2
○	5	4
	7	ⓑ

〈식 2〉

1) 〈식 2〉과 같이 각 □ 안에 ⓐ, ⓑ을 적습니다. 십의 자리에서 ⓐ과 5을 빼서 7이 될 수 없으므로 ○ 안에 ＋가 들어갑니다.

	2	2
＋	5	4
	7	6

〈식 2 정답〉

2) 일의 자리에서 2 ＋ 4 = ⓑ이므로 ⓑ = 6입니다. 십의 자리에서 ⓐ ＋ 5 = 7이므로 ⓑ = 2입니다.

3) 따라서 〈식 2 정답〉와 같이 완성할 수 있습니다.

연습문제 06 ····· P. 116

[정답] ○ = 2, △ = 3, ■ = 4, ★ = 1

[풀이 과정]

ⓐ ··· ★ ＋ △ = ■

ⓑ ··· ○ × ★ = ○

ⓒ ··· ■ － ○ = ○

1) ⓑ에서 ★은 반드시 1입니다.

2) 나머지 숫자 2, 3, 4으로 ⓒ를 만족하는 (■, ○) = (4, 2) 밖에 없습니다.

ⓐ에 ★ = 1, ■ = 4를 넣으면 1 ＋ △ = 4입니다. 따라서 △ = 3입니다.

3) 따라서 ○ = 2, △ = 3, ■ = 4, ★ = 1입니다.

연습문제 07 ····· P. 117

[정답] ○ = 2, △ = 1, □ = 8

[풀이 과정]

1) 주어진 복면산에서 △은 1 또는 2가 들어갈 수 있습니다.

만약 △ = 2이라면, □□ ＋ 22 ＋ 2○ = 222에서 만족하는 □와 ○이 없습니다.

따라서 △ = 1입니다.

		□	□
		1	1
＋		1	○
	1	1	1

〈덧셈식〉

2) 주어진 복면산에 △ = 1을 써넣으면 〈덧셈식〉이 됩니다. 따라서 일의 자리에서 □ ＋ 1 ＋ ○ = 11이 되고 십의 자리에서 □ ＋ 1 ＋ 1 ＋ 1 = 11이 됩니다.

3) 십의 자리에서 □ ＋ 3 = 11이므로 □ = 8입니다. 일의 자리 식에 □ = 8을 써넣으면 8 ＋ 1 ＋ ○ = 11이므로 ○ = 2입니다.

4) 따라서 ○ = 2, △ = 1, □ = 8입니다.

연습문제 08 ····· P. 117

[정답] (㉠, ㉡, ㉢) = (7, 6, 1), (7, 8, 3), (7, 9, 4)

[풀이 과정]

1) 〈뺄셈식 1〉와 〈뺄셈식 2〉에서 ㉠은 반드시 7입니다. 먼저 〈뺄셈식 1〉의 일의 자리에서 ㉡ － ㉢ = 5가 되어야 합니다. 가능한 (㉡, ㉢)은 (6, 1), (7, 2), (8, 3), (9, 4)입니다. 이 중 ㉠ = 7이므로 (7, 2)를 제외합니다.

	㉠	㉡
－		㉢
	7	5

〈뺄셈식 1〉

	㉠	㉢
－		㉡
	6	5

〈뺄셈식 2〉

2) 〈뺄셈식 2〉의 일의 자리는 십의 자리에서 받아내림하여 10 ＋ ㉢ － ㉡ = 5이므로 가능한 (㉡, ㉢) = (6, 1), (8, 3), (9, 4)입니다.

3) 따라서 ㉠ = 7이고 (㉡, ㉢) = (6, 1), (8, 3), (9, 4)이므로 만족하는 (㉠, ㉡, ㉢)은 (7, 6, 1), (7, 8, 3), (7, 9, 4)입니다.

연습문제 **09** .... P. 118

[정답] 99 + 92, 98 + 93, 97 + 94, 95 + 96

[풀이 과정]

1) <덧셈식 1>과 같이 각 □ 안에 ㉠부터 ㉣까지 적습니다. 십의 자리에서 ㉠ + ㉢ = 19가 되기 위해서 일의 자리에서 1을 받아올림 해야 합니다. 일의 자리에서 ㉡ + ㉣ = 11입니다. ㉠ + ㉢ + 1 = 19이므로 ㉠ + ㉢ = 18 이 됩니다. 한 자리 숫자 2개를 더해서 18이 되는 경우는 9 + 9 밖에 없습니다. 따라서 ㉠과 ㉢에는 각각 9가 들어갑니다.

<덧셈식 1>	<덧셈식 2>
㉠ ㉡	9 ㉡
+ ㉢ ㉣	+ 9 ㉣
1 9 1	1 9 1

2) <덧셈식 1>에서 ㉠, ㉢에 각각 9를 써넣어 <덧셈식 2>를 만듭니다. 일의 자리에서 ㉡ + ㉣ = 11이므로 이를 만족하는 한 자리 수의 순서쌍은 (6, 5), (7, 4), (8, 3), (9, 2)가 있습니다.

3) 따라서 정답과 같이 덧셈식을 4개를 각각 완성할 수 있습니다.

$$\begin{array}{r} 96 \\ +\ 95 \\ \hline 191 \end{array} \quad \begin{array}{r} 97 \\ +\ 94 \\ \hline 191 \end{array} \quad \begin{array}{r} 98 \\ +\ 93 \\ \hline 191 \end{array} \quad \begin{array}{r} 99 \\ +\ 92 \\ \hline 191 \end{array}$$

<정답>

연습문제 **10** .... P. 118

[정답] 2개

[풀이 과정]

1) 오른쪽 빨간색 사각형에서 CA - CB = B이므로 A는 B보다 큽니다. 따라서 (A, B)는 (2, 1), (4, 2), (6, 3), (8, 4)가 있습니다.

2) (A, B) 중에서 십의 자리 덧셈 A + A = C를 만족하는 A는 2 또는 4 밖에 없습니다.

$$\begin{array}{r} AB \\ +\ AB \\ \hline CA \\ -\ CB \\ \hline B \end{array}$$

<식>

3) 따라서 <정답>과 같이 (A, B, C)가 각각 (2, 1, 4)와 (4, 2, 8)일 경우, 2개의 식을 만을 수 있습니다.

$$\begin{array}{r} 21 \\ +\ 21 \\ \hline 42 \\ -\ 41 \\ \hline 1 \end{array} \quad \begin{array}{r} 42 \\ +\ 42 \\ \hline 84 \\ -\ 82 \\ \hline 2 \end{array}$$

<정답>

연습문제 **11** .... P. 119

[정답] A = 9, B = 5, C = 1

[풀이 과정]

1) <덧셈식>에서 일의 자리에서 B + B + B = 10 + B가 되려면 B × 3을 계산한 값의 일의 자리 숫자가 B가 되어야 합니다. 5 × 3 = 15이므로 B = 5입니다.

$$\begin{array}{r} AB \\ AB \\ +\ \ B \\ \hline CAB \end{array}$$

<덧셈식>

2) 십의 자리를 만족하는 A = 9 밖에 없습니다. 따라서 십의 자리를 계산하면 9 + 9 + 1 = 19가 되므로 C = 1이 됩니다.

3) 따라서 A = 9, B = 5, C = 1입니다.

연습문제 **12** .... P. 119

[정답] ○ = 2, ■ = 3, △ = 4

[풀이 과정]

1) ⓐ에서 만족하는 (△, ○)는 (2, 4), (4, 2), (1, 8), (8, 1)입니다.

ⓑ와 ⓒ에 (△, ○) = (2, 4), (4, 2), (1, 8), (8, 1)을 각각 넣어 봅니다.

ⓐ … △ × ○ = 8
ⓑ … △ + ○ × ■ = 10
ⓒ … △ × ■ + ○ = 14

2) (△, ○) = (4, 2)일 때, ⓑ는 4 + 2 × ■ = 10이고 ⓒ는 4 × ■ + 2 = 14입니다. ⓑ와 ⓒ를 만족하는 ■는 3입니다.

3) 나머지 (△, ○) = (2, 4), (1, 8), (8, 1)일 때, 만족하는 ■가 없습니다.

4) 따라서 ○ = 2, ■ = 3, △ = 4입니다.

심화문제 **01** P. 120

[정답] 풀이 과정 참조

[풀이 과정]

1) <뺄셈식>과 같이 각 빈칸에 ㉠부터 ㉤까지 적습니다. 먼저 주어진 숫자 중에 2가 없으므로 ㉤는 반드시 1입니다.

$$\begin{array}{r} 2\ ㉠\ ㉡ \\ -\quad ㉢\ ㉣ \\ \hline ㉤\ 7\ 2 \end{array}$$

<뺄셈식>

2) 일의 자리에서 ㉡ - ㉣ = 2이므로 주어진 숫자로 (㉡, ㉣)는 (6, 4) 또는 (8, 6)입니다.

i. (㉡, ㉣) = (6, 4)일 때, 2㉠6 - ㉢4 = 172에서 ㉠ = 5, ㉢ = 8을 넣으면 식을 만족합니다.

ii. (㉡, ㉣) = (8, 6)일 때, 나머지 숫자 4, 5으로 2㉠8 - ㉢6 = 172을 만족하지 못합니다.

3) 따라서 정답과 같이 각 빈칸을 채워 식을 완성할 수 있습니다.

$$\begin{array}{r} 2\ 5\ 6 \\ -\quad 8\ 4 \\ \hline 1\ 7\ 2 \end{array}$$

<정답>

심화문제 **02** P. 120

[정답] A = 7, B = 8, C = 4, D = 6

[풀이 과정]

1) 먼저 <덧셈식 1>의 일의 자리에서 주어진 4부터 8까지의 숫자로 B + D = 14인 (B, D) 는 (6, 8) 또는 (8, 6) 밖에 없습니다.

i. (B, D) = (6, 8)일 때,

<덧셈식 2>에 B와 D를 써넣으면 A6 + 8C = 142가 됩니다. 하지만 나머지 숫자 4, 5, 7으로 A와 C에 채워 식을 완성할 수 없습니다. 따라서 (B, D)는 (6, 8) 이 아닙니다.

ii. (B, D) = (8, 6)일 때,

<덧셈식 2>에 B와 D를 써넣으면 A8 + 6C = 142가 됩니다. 나머지 숫자 4, 5, 7 중에 A = 7과 C = 4에 채워 식을 완성할 수 있습니다. 따라서 (B, D)는 (8, 6)입니다.

$$\begin{array}{r} A\ B \\ +\ C\ D \\ \hline 1\ 2\ 4 \end{array} \qquad \begin{array}{r} A\ B \\ +\ D\ C \\ \hline 1\ 4\ 2 \end{array}$$

<덧셈식 1> <덧셈식 2>

2) 따라서 A = 7, B = 8, C = 4, D = 6입니다.

<다른 풀이 과정>

1) 주어진 숫자 4부터 8까지 숫자에서 <덧셈식 1>의 일의 자리는 B + D = 14가 됩니다. 이 식에서 가능한 덧셈식은 8 + 6입니다.

마찬가지로 <덧셈식 2>의 일의 자리에서 B + C = 12가 됩니다. 가능한 덧셈식은 5 + 7 또는 4 + 8입니다.

2) <덧셈식 1, 2>의 일의 자리에서 B는 서로 공통이므로 B 는 8이 됩니다. 나머지 A = 7, C = 4, D = 6이 됩니다.

3) 따라서 A = 7, B = 8, C = 4, D = 6입니다.

심화문제 **03** P. 121

[정답] 풀이 과정 참조

[풀이 과정]

<덧셈식> 풀이 과정

1) <덧셈식>의 각 □ 안에 ㉠부터 ㉢까지 적습니다. 일의 자리에서 ㉡ + 8 = 17이므로 ㉡는 반드시 9입니다. 십의 자리에서 5 + ㉢ + 1 = 12이므로 ㉢ = 6입니다. 백의 자리에서 ㉠ + 4 + 1 = 9이므로 ㉠ = 4입니다.

$$\begin{array}{r} ㉠\ 5\ ㉡ \\ +\ 4\ ㉢\ 8 \\ \hline 9\ 2\ 7 \end{array}$$

<덧셈식>

2) 따라서 <덧셈식 정답>과 같이 각 □ 안에 알맞은 숫자를 써넣을 수 있습니다.

$$\begin{array}{r} 4\ 5\ 9 \\ +\ 4\ 6\ 8 \\ \hline 9\ 2\ 7 \end{array}$$

<덧셈식 정답>

<뺄셈식> 풀이 과정

1) <뺄셈식> 각 □ 안에 ⓐ부터 ⓒ까지 적습니다. 일의 자리에서 10 + 2 - 9이므로 ⓒ = 3입니다. 십의 자리에서 10 + ⓑ - 1 - 4 = 5이므로 ⓑ = 0입니다. 백의 자리에서 3 - 1 - ⓐ = 1이므로 ⓐ = 1입니다.

2) 따라서 <뺄셈식 정답>과 같이 각 □ 안에 알맞은 숫자를 써넣을 수 있습니다.

$$\begin{array}{r} 3\ ⓑ\ 2 \\ -\ ⓐ\ 4\ 9 \\ \hline 1\ 5\ ⓒ \end{array} \qquad \begin{array}{r} 3\ 0\ 2 \\ -\ 1\ 4\ 9 \\ \hline 1\ 5\ 3 \end{array}$$

<뺄셈식> <뺄셈식 정답>

심화문제 04 ······ P. 121

[정답] A = 8, B = 4, C = 1

[풀이 과정]

1) <덧셈식>의 일의 자리에서 B + A + A = 10 또는 20이 될 수 있습니다.

	A	B
	B	A
+	B	A
C	A	0

<덧셈식>

i. B + A + A = 10일 때, 가능한 (A, B)는 (1, 8), (2, 6), (3, 4), (4, 2)가 있습니다. 이 중에 십의 자리에서 A + B + B + 1 = CA를 만족하는 경우는 없습니다.

ii. B + A + A = 20일 때, 가능한 (A, B)는 (6, 8), (7, 6), (8, 4), (9, 2)가 있습니다. 이 중에 십의 자리 A + B + B + 2 = CA가 되는 경우는 (8, 4)으로 계산하면 8 + 4 + 4 + 2 = 18입니다.

2) 따라서 A = 8, B = 4, C = 1입니다.

창의적문제해결수학 01 ······ P. 122

[정답]  = 4,  = 3,  = 8,  = 7

[풀이 과정]

1) ⓒ에서 포도 × 수박 = 56이 되는 경우는 7 × 8 밖에 없습니다. 따라서 (포도, 수박)는 (7, 8) 또는 (8, 7)입니다.

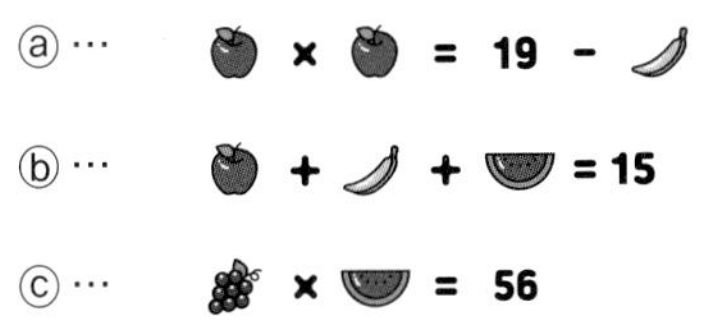

2) i. 수박이 7일 때, ⓑ에서 사과 + 바나나 = 8입니다. 하지만 ⓑ를 만족하는 사과, 바나나의 수가 ⓐ에서는 만족하지 않습니다. 따라서 수박은 7이 아닙니다.

ii. 수박이 8일 때, ⓑ에서 사과 + 바나나 = 7입니다. ⓑ에서 만족하는 사과 = 4, 바나나 = 3을 ⓐ에 넣었을 때, 4 × 4 = 19 - 3으로 만족합니다. 따라서 수박은 8입니다.

3) 따라서  = 4,  = 3,  = 8,  = 7입니다.

창의적문제해결수학 02 ······ P. 123

[정답] 4개

[풀이 과정]

1) <덧셈식>의 일의 자리에서 A + B + C = 10 + B가 되므로 A + C = 10입니다.

	A	A
	B	B
+	C	C
1	A	B

<덧셈식>

2) 십의 자리에서 A + B + C + 1 = 10 + A이므로 A + C = 10을 써넣으면 B + 1 = A가 됩니다.

3) A > B > C를 만족하는 숫자 중에서 A + C = 10이고 B + 1 = A이 되는 (A, B, C)를 구합니다. 이때, 조건을 만족하는 (A, B, C)는 (9, 8, 1), (8, 7, 2), (7, 6, 3), (6, 5, 4)가 있습니다.

4) <정답>과 같이 4개의 덧셈식을 만들 수 있습니다.

	9	9		8	8		7	7		6	6
	8	8		7	7		6	6		5	5
+	1	1	+	2	2	+	3	3	+	4	4
1	9	8	1	8	7	1	7	6	1	6	5

<정답>

MEMO

영재들의 수학여행
Math Travel

창의영재수학

아이앤아이

무한상상

무한상상 카페 cafe.naver.com/creativeini